Anne-Kathrin Gomringer

Unsere ersten
Wachteln

Ulmer

Inhalt

Faszinierende Winzlinge

Bereit für die Mini-Hühnchen

Besonderes bis Wunderbares

Bestens versorgte Lieblinge

Vorwort

Winzig, interessant und leistungsstark: Wachteln sind wahre Powerpakete, die in Relation zu ihrer geringen Größe geradezu Höchstleistungen bringen und eine ganze Menge Leben in Ihren Alltag zaubern werden. Ob in einer großen Voliere oder in einem einfachen Holzstall gehalten, rein zweckdienlich oder dabei originell gestaltet: Es gibt für jeden Geschmack und Geldbeutel artgerechte Haltungsmöglichkeiten für die liebenswerten Flattermänner.

Die Informationen in diesem Buch beziehen sich vorwiegend auf die Japanische Legewachtel, eine weit verbreitete, beliebte und für Anfänger bestens geeignete Rasse. Gemein ist allen Wachteln, dass sie faszinierende Geschöpfe mit individuellem Charakter sind, die durch Unterhaltungswert bestechen. Wer sich mit den aufgeweckten Vögelchen beschäftigt, wird bald zutrauliche Tiere haben, die sich nicht nur beobachten, sondern sogar anfassen lassen.
Dieses Buch gibt Ihnen einen grundlegenden Überblick darüber, wie die Wachtelhaltung aussehen kann und welche Möglichkeiten Sie haben, Ihre Wünsche und Ziele auf kreative wie bodenständige Weise in die Tat umzusetzen.

Faszinierende Winzlinge

Die kleinsten Hühnervögel der Welt bringen ganz schön große Leistung. Jede Wachtelart legt Eier – und das nicht zu knapp. Doch die kleinen Zweibeiner bestechen auch durch eine ganze Reihe weiterer grandioser Eigenschaften.

> »
>
> *„Obwohl sie so klein sind,*
> *bringen unsere Wachteln ganz*
> *viel Leben in unseren Alltag.*
> *Das ist super, vor allem für*
> *die Kinder."*

Riesenspaß im Kleinformat

Wachteln bieten in ihrer Vielfalt und den unterschiedlichen Haltungsmöglichkeiten eine Menge naturnaher Bereicherung. Zudem sind die Winzlinge
unterhaltsame Gartengefährten.

Mini-Landlife

Es muss schon ein sehr, sehr kleiner Balkon
sein, damit die Wachtelhaltung für Sie aus
Platzgründen nicht in Frage kommt. Haben
Sie die Möglichkeit, eineinhalb Quadratmeter
Wachtelzuhause zur Verfügung zu stellen,
sind Sie mit im Boot.
Die putzigen Gesellen mögen klein und hand-
lich sein, sind aber keinesfalls als Haus- oder
gar Kuscheltiere zu betrachten - und das ist
gut so.

Einer der schönsten Punkte der Wachtelhaltung ist, dass wir der Natur sehr nahe sind.
Zuchtwachteln haben sich eine geballte
Ladung der Eigenschaften beibehalten, die
ihre wilden Verwandten aufweisen. Die Flattermänner sind eigenständig und kernig in
ihrem Wesen, können aber durchaus sehr
zutraulich werden. Der Duft von Hobelspänen,
Mulch, frischem Heu und das Gefühl, Körner
durch die Finger rieseln zu lassen, ergänzen
das: Es sind nicht nur die Tiere selbst, sondern
dazu das ganze Drumherum, das uns dem
Ursprünglichen näherbringt.

Mit der Natur auf Augenhöhe: Das fühlt sich gut an.

Wachteln sind flugfähig. Stall und Freilauf sollten also auch nach oben hin geschlossen sein, wenn ihre Flügel nicht gestutzt sind.

Aufgeweckte Flattermänner

Wachteln sind von Natur aus schreckhaft, können aber bei genügend positivem Kontakt ihre Scheu gegenüber dem Menschen verlieren. Vor allem, wenn die Tiere von klein auf an den Menschen gewöhnt sind, können sie sehr zutraulich sein. Das ist nicht nur für den Spaß an der Haltung gut, sondern hilft auch bei den Pflegemaßnahmen. Das Einfangen der kleinen Flattermänner sowie Routinearbeiten im Stall werden dadurch viel entspannter.

Die Winzlinge sind neugierige Gesellen, die gerne entdecken und erkunden. Möglichkeiten, ihnen dazu Gelegenheit zu bieten, gibt es reichlich, wenn Sie ihr Zuhause entsprechend gestalten. Das kommt sowohl den Vögeln als auch denjenigen Haltern zugute, die gerne kreativ sind.

Vorteile satt

Durch ihre geringe Größe können Wachteln im Gegensatz zu anderen Hühnerarten schon auf kleinen Flächen ein glückliches Vogelleben führen. Ob Ihr Garten hundert oder nur zehn Quadratmeter misst: Stallformate und Haltungsmöglichkeiten gibt es genug. Sogar die Beherbergung auf einer Terrasse oder einem Balkon ist möglich.

Vorteilhaft ist außerdem, dass Sie kleine Ställe erhöht bauen oder platzieren können. Die Pflege von Tieren und Ausstattung wird dadurch äußerst komfortabel.

Sofern Sie keine erlesenen Zuchttiere Ihr Eigen nennen möchten, sind die Anschaffungs- und Haltungskosten von Wachteln sehr überschaubar.

Im Vergleich zu ihrer Körpergröße legen Wachteln große Eier – und das sogar sehr fleißig. Legewachteln liefern zwischen hundert und dreihundert Eier pro Jahr, aber auch die anderen Rassen sind relativ produktiv. Und die Eier sind nicht nur gesund, sondern gleichermaßen Gaumen- wie Augenschmaus.

Jeder der kleinen Laufvögel hat seinen ganz eigenen Kopf und Charakter.
Zutrauliche Wachteln sind für Kinder besonders tolle Gartengefährten.

Sorglos durchstarten

Da Wachteln zu den Kleintieren zählen, dürfen sie auch in Wohngebieten gehalten werden. Die Kriterien für eine Haltung ohne Ärger mit der Nachbarschaft oder den Behörden sind relativ leicht zu erfüllen.

Es darf keine Belästigung von den Tieren ausgehen, beispielsweise Lärm oder Gestank. Hennen plappern untereinander zwar recht viel, aber in äußerst moderater Lautstärke. Wachtelhähne geben ihre Anwesenheit je nach Rasse um einiges deutlicher zu Protokoll. Doch selbst der Hahnenschrei der Winzlinge ist nicht übermäßig laut. Wer auf Nummer sicher gehen will, sollte vorher mit seinen Nachbarn sprechen oder auf einen Hahn verzichten. Dem Entstehen von Gestank können Sie leicht vorbeugen: Als verantwortungsvoller Wachtelhalter werden Sie den Stall der Kleinen ohnehin sauber halten.

Die Vorgaben zu Höhe, Art und Platzierung von Zäunen, Gebäuden, Mauern und Ähnlichem unterliegen in den meisten Siedlungsgebieten bestimmten Kriterien. Falls Sie hierzu Fragen haben, wenden Sie sich an das örtliche Bauamt. Doch dies wird für Sie vermutlich nur dann von Belang sein, wenn Sie eine Voliere oder einen besonders hohen Zaun bauen möchten.

Wer Wachteln in einem Umfang hält, der mit der Hobbyhaltung von Kaninchen vergleichbar ist, wird wahrscheinlich keine Schwierigkeiten mit dem Bauamt haben.

Minis für die Kleinen

Für Kinder können Wachteln eine Menge Spaß bedeuten. Obwohl sie Fluchttiere sind, können die Winzlinge sehr zutraulich werden und durchaus interessante „Haustiere" sein. Wachteln sind neugierig, gehen gerne auf Erkundungstour, sofern sie sich in Sicherheit wägen, und bestechen durch Unterhaltungswert, da sie keineswegs nur fressen und herumlaufen. Mit ein wenig Einfühlungsvermögen und ein paar Leckerbissen ist es leicht, die Winzlinge schnell an sich zu gewöhnen und allerlei Spaß mit ihnen zu haben.

Gerade für Familien, denen die räumlichen Möglichkeiten dazu fehlen, größere Landtiere zu halten, bietet die Wachtelhaltung eine schöne Alternative. Für Kinder, die groß genug sind, um verantwortungsvoll mit den Tieren umzugehen und sich ein Basiswissen über ihre Haltung anzueignen, können Wachteln sogar „reines" Kindervergnügen sein. Falls aber Ihr Nachwuchs noch nicht in diesem Alter ist, sollten Sie als Eltern auf jeden Fall motiviert und engagiert bei der Sache dabei sein.

>>

„Am Anfang hieß es: ‚Wachteln? Was kann man denn mit denen anfangen?' Jetzt sind die Kids total begeistert. Unsere Wachteln lassen sich sogar streicheln und fressen aus der Hand."

Kleiner Vogel ganz groß

Als Ziervögelchen werden Wachteln schon lange gehalten. Die Zucht auf Ei- und Fleischproduktion ist dagegen relativ jung – wenngleich wilde Wachteln schon länger als Delikatesse bekannt sind.

Sehen, aber nicht gesehen werden: Gut getarnt fühlen sich die Winzlinge wohl.

Scheue Weltenbummler

Dass man wilde Wachteln so selten zu Gesicht bekommt, hat drei Gründe: Die kleinen Hühner sind sehr scheu und gut getarnt. Es leben hierzulande leider nicht besonders viele wilde Wachteln, und die Tiere ziehen im Winter in den Süden.

Eine zahlenmäßige Erfassung der wildlebenden Wachteln ist deshalb fast nicht möglich. Sicher ist aber, dass die Wachtelbestände in Mitteleuropa immer wieder schwanken.

Vor allem die intensive Landwirtschaft, der Einsatz von Pestiziden und Düngemitteln hat Mitte des zwanzigsten Jahrhunderts für einen starken Rückgang der Populationen gesorgt. Hinzu kam ein hoher Jagddruck, sodass Wachteln eine Zeit lang in deutschen und österreichischen Gebieten gänzlich verschwunden waren. Derzeit steigt die Zahl der wilden Vögelchen glücklicherweise wieder. Hierzu tragen stillgelegte Flächen, renaturierte Bergbaugebiete und eine Extensivierung der Landwirtschaft bei.

Wachteln verbringen nur wenige Sommermonate in unseren Breiten, wo sie ihren Nachwuchs aufziehen. Ein deutliches Zeichen dafür, dass die kleinen Weltenbummler anwesend sind, ist der Balzruf des Hahnes. Zur „Hochsaison" der Brautwerbung kann dieser ganze Nächte lang zu hören sein.

Zahnwachtelarten sind etwas größer als ihre unbezahnten Verwandten und bestechen teils durch eine sehr ausgefallene Optik.

Bunte Sippschaft

Wachteln gehören zur Familie der Hühner und bilden zwei Unterfamilien: Wachteln und Zahnwachteln.

Wie der Name schon sagt, besitzen letztgenannte Tiere einen gezahnten Schnabel. Dieses Merkmal ist allerdings nur aus sehr kurzer Distanz zu erkennen. Ein viel augenscheinlicherer Unterschied zwischen den beiden Unterfamilien ist, dass die Zahnwachteln größenmäßig zwischen Wachteln und Rebhühnern eingestuft werden können.

Viele Zahnwachteln bestechen durch eine Haube oder einen Schopf, einige Rassen durch markante Färbungen, vor allem im Kopfbereich.

Bei Wachteln ist es für den Laien oft schwer, die Geschlechter zu unterscheiden. Ihre bezahnten Verwandten dagegen zeigen etwas deutlichere Unterschiede zwischen Männchen und Weibchen.

Die beiden Unterfamilien sind übrigens nur entfernt verwandt. Während die Wachteln in Europa, Westasien und Afrika beheimatet sind, leben die Zahnwachteln in Nord- und Südamerika. Lediglich zwei Zahnwachtelarten findet man in Zentralafrika: das Felsenrebhuhn und den Nahanfrankolin.

Vom Sänger zum Nutztier

Die Wachtel ist der kleinste in Europa lebende Hühnervogel. In China und Japan wurden die Winzlinge bereits im elften Jahrhundert domestiziert und als Ziervögel gehalten. Aus dieser Zeit stammt auch der Begriff der Singwachtel.

Die Zucht auf Lege- und Fleischleistung fand erst sehr viel später statt. Durch sie wurden das Körpergewicht sowie die Legeleistung der Tiere vervielfacht.

In den 1950er Jahren kamen diese domestizierten Wachteln in Europa und den USA in Mode. Unsere „Hauswachteln" stammen von der Japanwachtel (Coturnix japonica) ab. Sie ist eng verwandt mit der Europawachtel (Coturnix coturnix), die ein sehr ähnliches Aussehen hat. Diese einheimische Art ließ sich aber trotz vieler Versuche nicht domestizieren. Heute wird die Wachtel in Europa vorwiegend ihres Fleisches wegen gehalten. In Japan liegt der industrielle Schwerpunkt auf der Gewinnung von Wachteleiern.

Da die Japanwachtel physiologische Gemeinsamkeiten zum Menschen besitzt und eine sehr schnelle Entwicklung aufweist, wird sie zu vielen Forschungszwecken eingesetzt, zum Beispiel in den Bereichen von Alterung und Krankheiten.

So ticken die Zwerge

Wachteln sind ziemlich intelligente Tiere mit ausgeprägtem
Seh- und Hörvermögen. Am liebsten mögen sie's entspannt, was
sie jedoch nicht davon abhält, um Rang und Revier zu kämpfen.

Panoramablick: Durch die seitliche
Anordnung ihrer Augen können Wachteln beinahe ihr gesamtes Umfeld auf
einmal wahrnehmen.

Scharfe Sinne

Wachteln sind sehr aufmerksame Beobachter
ihrer Umgebung. Als Fluchttiere müssen sie
stets auf der Hut vor Feinden sein und somit
alles im Auge behalten. Apropos: Genau aus
diesem Grund sind die Wachtelaugen seitlich
am Kopf angeordnet. Dadurch erfassen die
Flattermänner beinahe ihr gesamtes Umfeld.
Obwohl die Ohren der kleinen Zweibeiner
kaum erkennbar sind, hören sie unglaublich
gut. Sie können dadurch nicht nur Geräusche
zuordnen, sondern selbst sehr leise Töne ihrer
Artgenossen wahrnehmen und deuten. In der
Wachtelsprache gibt es eine Menge unterschiedlicher Laute, die bestimmte Dinge signalisieren: Hier gibt es Futter, es droht Gefahr,
lass' mich in Ruhe, alle Mann zu mir ...
Die Zuordnung von Lauten funktioniert aber
nicht nur unter den Winzlingen. Wachteln
erkennen ihre „Bezugsperson" und können
selbst mehrere Menschen an ihrer Stimme,
ihrer Bewegung und den Geräuschen, die sie
verursachen, auseinanderhalten. Wachteln
sind ebenso fähig, typische Äußerungen zu
kategorisieren, beispielsweise einen vertrau-
ten Lockruf mit Futter in Verbindung zu bringen oder ein gewohntes „Schscht" damit, dass
sie aus dem Weg gehen sollen.

Wachteln erkennen vertraute Bezugspersonen.

Laufstarke Flieger

Im Gegensatz zu ihren Verwandten, den Hühnern, können Wachteln sehr gut fliegen. Dies rührt daher, dass ihre wilden Stammväter im Winter in den Süden ziehen.
Trotzdem zählen die Flattermänner zu den Laufvögeln. Sofern es nicht anders erforderlich ist, bewegen sich Wachteln aber lieber zu Fuß. Sie halten sich gerne in Bodenbereichen auf, in denen sie gut getarnt sind, und ziehen sich zur Eiablage an geschützte, bequeme Fleckchen zurück. Einige Wachteln baumen gern auf, das heißt, sie suchen sich leicht erhöhte Sitzplätze, von denen aus sie ihre Umgebung beobachten können.

Kluge Nachtwächter

Schlafen tun Wachteln übrigens nicht versteckt. Um bei Gefahr möglichst schnell flüchten zu können, bilden sie kleine Kreise, vorzugsweise in niederem Bewuchs auf eher offenem Terrain. Die Bürzel zeigen nach innen, die Köpfe nach außen, womit die Gruppe eine sternförmige Anordnung zeigt. Dadurch wird ihr Umfeld in jede Richtung wachsam abgesichert und die Gruppe kann bei Gefahr sofort gewarnt werden.

Vertraute Zweisamkeit ist für viele Wachtelarten die schönste Lebensform.

Klare Strukturen

Innerhalb einer Wachtelgruppe ist klar festgelegt, wer welchen Rang innehat. Der Begriff der Hackordnung ist übrigens wörtlich zu nehmen. Um auszumachen, wer wem überlegen ist, kann es bei den putzigen Vögelchen ganz schön rabiat zur Sachen gehen.

Ist die Hierarchie jedoch geklärt, kehrt normalerweise wieder Ruhe ein und die Situation entspannt sich. Eine bestehende Rangordnung unter ausgewachsenen Tieren ändert sich selten. Die meisten dieser Auseinandersetzungen finden statt, wenn die Wachteln die Geschlechtsreife erreichen oder wenn sich bis dato fremde Tiere ein Areal teilen müssen.

Auch ihr Revier legen Wachteln ziemlich rigoros fest. Vor allem in der Paarungszeit kann es heftige Auseinandersetzungen ums Terrain geben. Selbst mehrere Wachtelpaare, die den Winter über friedlich zusammengelebt haben, können im Frühjahr urplötzlich zu Raufbolden mutieren. Denn sobald die Pärchen in Ruhe für Nachwuchs sorgen wollen, sinkt die Toleranz in Bezug auf ihre Mitbewohner immens.

Wachteln brauchen, je nach Art, einen Partner oder eine Gruppe. Eine Wachtel sollte niemals alleine gehalten werden.

Zankhähne: Der Begriff der Hackordnung hat eindeutig seine Daseinsberechtigung.

Beziehungskisten

Die meisten Wachtelarten leben in monogamen Verbindungen. Manchmal kann auch ein Dreiergespann aus einem Männchen und zwei Weibchen harmonieren. Hierbei kommt es jedoch auf die Individuen an und ob ihnen diese Konstellation zusagt.

Eine Ausnahme bilden die Japanischen Legewachteln, die sich in reinen Hennengruppen halten lassen oder in kleinen Hennengruppen mit einem Hahn. Sind die Gruppen groß genug, können auch mehrere Hähne mit von der Partie sein. Doch das funktioniert nicht immer reibungslos.

Die Haltung von Chinesischen Zwergwachteln in solchen Gruppen kann ebenfalls gelingen, ist jedoch nicht artgerecht.

Bei den Gruppen mit „Hahn im Korb" kommt es übrigens häufig vor, dass sie eine Lieblingshenne haben. Die Bevorzugung kann soweit gehen, dass die Eier anderer Hennen nicht oder nur selten befruchtet sind, während die „Dame des Herzens" ständig befruchtete Eier legt.

Begriffe aus der Wachtelwelt

Farbschläge

Unter Farbschlägen versteht man die unterschiedlichen und von manchen Liebhabern gewünschten Gefiederfärbungen, die innerhalb einer Rasse auftreten.

Kreuz und quer

Ja, einige Wachtelarten können miteinander gekreuzt werden, beispielsweise die Harlekinwachtel mit europäischen Wachteln. Aus züchterischer Sicht sind die erblichen Vermischungen unterschiedlicher Rassen aber unerwünscht. Nicht rassereine Wachteln werden meist ziemlich günstig angeboten. Eine verwaschen aussehende Brustzeichnung deutet darauf hin, dass die Tiere nicht rasserein sind.

Aufbaumen

Unter diesem Begriff versteht man das Aufsuchen von erhöhten
Sitzplätzen. Einige Wachtelarten bequemen sich gerne auf solche
kleinen Aussichtsplattformen, um einen besseren Überblick über
ihre Umgebung zu haben.

Tretakt

… ist der Fachbegriff für das Aufsitzen eines Hahns auf eine Henne,
um sich mit dieser zu paaren. Er hält sich dabei mit dem Schnabel
im Nackengefieder der Henne fest. Der Ausdruck rührt daher, dass
der Hahn dabei trittähnliche Bewegungen macht.

Bereit für die Mini-Hühnchen

Es gibt eine Vielzahl von Kombinationen aus Wachtelrasse und Haltungsform. Ob Pragmatiker oder Gestaltungsfan: Für jeden gibt's das richtige Wachtelgespann im passenden Stall.

„Wir haben uns für Japanische
Legewachteln entschieden, weil
die sich für Anfänger eignen.
Außerdem hatten wir zu dieser
Rasse Ansprechpartner zur Hand.
Der Start war super einfach."

Unsere perfekte Rasse(l)bande

Es gibt verschiedene Wachtelarten und -rassen, die alle durch individuelle Vorzüge bestechen. Wenn Sie wissen, was Ihnen wichtig ist, und Ihre Möglichkeiten kennen, werden Sie schnell die passende Gruppe und Haltungsform finden.

Unsere Wünsche und Ziele

Bevor Sie sich in den Stallbau stürzen, für eine Rasse begeistern oder für eine Gruppe von Tieren entscheiden, sollten Sie sich überlegen, was Sie sich von der Wachtelhaltung erwarten und was Sie den Tieren bieten können.

Sollen die Wachteln vor allem hübsch aussehen? Liegt Ihre Priorität darin, möglichst anfängergerechte Tiere zu halten? Möchten Sie in erster Linie, dass die Wachteln Eier liefern? Oder wollen Sie die Tiere ihres Fleisches wegen halten, oder sogar züchterisch tätig werden?

All dies ist für die Wahl der Rasse sowie Zusammensetzung der Gruppe wichtig. Beispielsweise benötigen Sie keinen Hahn, wenn Sie Japanische Legewachteln halten möchten, bei denen Sie keinen Nachwuchs anstreben.

Ihr Engagement ist an dieser Stelle ebenfalls von Belang. Wer etwa die Zucht anstrebt, wird sich weit größeren Herausforderungen stellen müssen, als jemand, für den an erster Stelle steht, die hübschen, kleinen Wachteleier zu gewinnen.

Unsere Möglichkeiten

Wachteln werden bei guter Pflege bis zu vier Jahre alt. Einige Halter berichten sogar von Tieren, die fünf oder gar sechs geworden sind. Es ist wichtig, dass Sie sich für diesen Zeitraum zuverlässig um die Tiere kümmern können, sofern Sie die Wachteln nicht essen oder abgeben wollen.

Obwohl es sehr zeitsparende Haltungsmöglichkeiten gibt, müssen die Wachteln in jedem Fall täglich versorgt werden – je nach Alter, Zustand, Jahreszeit und Stallausstattung auch mehrmals.

Die räumlichen Möglichkeiten sind ebenfalls von Belang. Stallstandort, -form und -größe sollten im Vorfeld gut geplant werden (siehe Seite 28). Dies gilt besonders, wenn Sie einen fest installierten Stall bauen möchten. Für größere Ställe oder Volieren kann eine Baugenehmigung nötig sein.

Nicht zuletzt kommt es darauf an, was Sie an Geld investieren können und wollen. Für eine kleine Legewachtelgruppe in einem einfachen Stall sind die Investitionskosten weit geringer, als bei einer besonderen Rasse in einer großen Voliere.

Solide durchstarten

Haben Sie Ihre Prioritäten festgelegt, werden
sich die in Frage kommenden Rassen, Tiergruppen und Stallarten deutlich eingrenzen.
Nun können Sie sich bei einem Züchter oder
erfahrenen Halter in Ihrer Nähe umschauen
und Bezugsquellen ausfindig machen.
Bleiben Sie hierbei offen für Möglichkeiten,
die Sie vielleicht noch gar nicht ins Auge
gefasst hatten. Einen kompetenten Ansprechpartner zur Hand zu haben, ist nicht nur
nützlich, weil er seine „Pappenheimer" kennt
und Ihnen Tipps geben kann. Falls Sie einmal
Tiere abgeben müssen oder Ihren Bestand
aufstocken wollen, ist ein solcher Kontakt
ebenfalls vorteilhaft.

Eine Mädels-Gruppe Japanischer Legewachteln ist für Anfänger bestens geeignet.

Ausgefallene Rassen wie diese Kalifornische
Schopfwachtel sind eine Augenweiden, allerdings teurer in der Anschaffung.

Die Betreuung der Brut und die Aufzucht von
Küken erfordert sehr viel Engagement und ein
solides Basiswissen. Idealerweise haben Sie
dabei einen Ansprechpartner zur Hand.

Startmöglichkeiten

Mögen Sie's einfach? Oder suchen Sie eine kleine Herausforderung? Von der pflegeleichten Hennengruppe über Wachtelfamilien bis hin zum Einstieg durch die Aufzucht von Küken, alles ist drin.

Bequemer Auftakt

Eine Gruppe von ausgewachsene, jungen Japanischen Legewachteln, die bereits aneinander gewöhnt sind, bietet einen sehr bequemen Einstieg in die Wachtelhaltung. Zwar können auch unter den Mädels einmal Hackkämpfe vorkommen. Die Wahrscheinlichkeit, dass Sie hierbei mit ernsthaften Auseinandersetzungen umzugehen haben, ist bei genügend zur Verfügung stehendem Raum aber unwahrscheinlich.

Erwachsene, junge Wachteln, die schon an den Menschen gewöhnt sind, eignen sich besonders für den Einstieg in die Haltung.

Hinzu kommt, dass alle Tiere Eier legen und der Zeitaufwand für ihre Versorgung relativ gering ist. Da die Wachteln nicht mehr wachsen, genügt eine einzige ihrer Größe entsprechende Stallausstattung, die Sie nicht weiter anpassen müssen.

Ideal ist es, wenn die Tiere schon an den Menschen gewöhnt sind, sich dementsprechend leicht handhaben lassen und zutraulich sind. Ausgewachsene weibliche Wachteln sind immer teurer als ihre männlichen Pendants oder Küken. Die Investition rechnet sich aber, da Sie keinen weiteren Aufwand, etwa durch das Trennen von männlichen und weiblichen Tieren oder die Aufzucht der Kleinen haben. Eine junge Japanische Legewachtelhenne kostet zwischen fünf und sieben Euro.

Familienbande für Einsteiger

Möchten Sie einen Hahn zu Ihren Mädels halten, empfiehlt sich ebenfalls eine Gruppe Japanischer Legewachteln, die bereits harmonisch miteinander lebt.

Achten Sie darauf, dass der Hahn kein Geschwistertier zu den Hennen ist, wenn Sie in Erwägung ziehen, die Wachteln einmal Nachwuchs haben zu lassen.

Es gibt Wachtelgruppen mit mehreren Hähnen, die gut miteinander auskommen. Hierfür müssen jedoch genügend Weibchen und viel Platz zur Verfügung stehen. Für Einsteiger sollten mit einer kleinen Gruppe und einem „Hahn im Korb" starten, der ein angenehmes Wesen hat

Von Kükenbeinen an in guten Händen: Das in der Prägungsphase aufgebaute Vertrauen zum Menschen verliert sich nicht.

und damit Ruhe in die Gruppe der Hennen bringt.

Die meisten Wachtelarten leben in monogamen Verbindungen, weshalb die Kombination aus mehreren Hennen und einem Hahn nicht für alle Rassen eine Option ist. Im Anhang des Buches finden Sie Informationen zu gängigen Rassen und ihrer idealer Haltungsform.

Von klein auf dabei

Wachtelküken erhalten Sie zu einem geringeren Preis als ausgewachsene Tiere. Dafür erfordert ihre Aufzucht mehr Know-how, Zeit und Engagement. Vor allem für diejenigen, die sich einmal Küken wünschen, aber keine Zucht anstreben, kann dies ein guter Einstieg sein.

Sie müssen sich weder um die Pflege einer werdenden Wachtelmutter kümmern, noch um das Gelege. Sie benötigen außerdem keinen Brutapparat. Weiter kommen Sie nicht in die unangenehme Situation, Küken, die den Schlupf nicht schaffen oder große Defizite aufweisen, beseitigen zu müssen.

Ein immenser Vorteil ist, dass Sie die Kleinen von Beginn an an den Menschen gewöhnen können. Wer hierfür genügend Zeit investiert, kann sehr zutrauliche, äußerst leicht handhabbare ausgewachsene Wachteln erhalten.

Küken benötigen weit mehr Pflege als ausgewachsene Tiere und eine andere Stallausstattung (siehe Seite 86). Hinzukommt, dass Sie

die Wachteln bei Geschlechtsreife voneinander trennen sollten. Dabei ist es nicht mit einer Stallunterteilung getan. Männliche Tiere können mit etwas Glück friedlich untereinander leben, allerdings dürfen sie hierfür keine Weibchen in ihrer Nähe wissen. Es kann vorkommen, dass sich „Unruhestifter" in den Gruppen entwickeln. Dann sollte auch ihr weiterer Verbleib ebenfalls geklärt werden.

Dies alles sollte gut geplant werden, da die Kleinen ganz fix groß werden.

» *„Wir haben Küken geholt und großgezogen. Das war ziemlich spannend. Die Wachteln sind total handzahm, weil sie uns von klein auf gewohnt sind."*

In großen Volieren können Wachteln mit
anderen kleinen Ziervögeln zusammenleben.

Geradlinig und tiergerecht

Wachteln können sehr unterschiedliche Charaktere haben und ihr Revier stark verteidigen, vor allem in der Brutzeit. Deshalb ist ein Zusammenführen von Tieren aus verschiedenen Ställen für Anfänger nicht ratsam.

Von der Kombination verschiedener Wachtelrassen rate ich dringend ab. Vor allem bei Tieren, die sich in Größe und Gewicht unterscheiden, kann ein Zusammenleben eine Tortur für die unterlegenen Wachteln sein.

Es gibt ein paar Rassen, die, sofern sie zusammen aufgezogen wurden, im Winter gemeinsam gehalten werden können. Beispielsweise kann man Schuppen- und Schopfwachteln in dieser Jahreszeit im gleichen Stall beherbergen, sofern dieser großzügig bemessen ist. Auch Virginiawachteln passen zu den beiden erstgenannten Verwandten. Im Frühjahr, wenn die Brutzeit beginnt, müssen die Tiere dennoch getrennt werden.

Zudem gibt es auch bei gemeinsam aufgezogenen Tieren keine Garantie für ein friedliches Miteinander.

Die Vergesellschaftung von Chinesischen Legewachteln und Chinesischen Zwergwachteln kann funktionieren. Da die Zwerge im Gegensatz zu ihren Verwandten aber lieber mit einem lebenslangen Partner zusammenleben, ist eine paarweise Haltung für sie artgerechter.

Anfänger fahren am besten, wenn sie sich auf eine Wachtelrasse beschränken. Dies gilt natürlich nicht, wenn die Rassen in separaten Ställen gehalten werden.

Auf keinen Fall sollten Sie Wachteln mit anderen Tieren, wie Meerschweinchen oder Kaninchen, in einem Stall halten.

Starter-Kombination

Wer unbedingt eine bunte Mischung im Vogelzuhause haben möchte, kann Wachteln mit einer kleinen Singvogelart halten. Sehr gut klappt diese Vergesellschaftung mit Wellensittichen oder Kanarienvögeln.

Hierfür benötigen Sie unbedingt eine großzügig angelegte Voliere. Während Wachteln den Bodenbereich bewohnen, halten sich ihre Mitbewohner über ihnen auf.

Wichtig ist, dass Futter und Wasser der Wachteln so platziert sind, dass kein Kot der über ihnen wohnenden Flattermänner hineingelangen kann.

Einen solchen Bereich kann man schaffen, indem man ihn mit einem großen Brett abdeckt. Ideal ist ein eigenes Stallabteil für die Wachteln.

Ställe und Volieren

Ob einfacher Holzstall, wie man ihn von der Nagerhaltung kennt, oder schicke Voliere: Für jede Wachtelgruppe gibt es den passenden Wohnraum – und für jeden Halter eine Menge Möglichkeiten, diesen zu gestalten.

Passgerecht für uns alle

Das ideale Wachtelzuhause bietet nicht nur Ihren Lieblingen Komfort, sondern auch Ihnen. Ist der Stall bequem zu erreichen und die Versorgung der Kleinen einfach zu handhaben, steigert das den Spaßfaktor.
Futter, Wasser und Einstreu gehören zum grundlegenden Input. Befindet sich all dies in Stallnähe, geht Ihnen die Versorgung umso leichter von der Hand.
Mit einem befestigten Boden rund um den Stall ist der Besuch bei den Flattermännern bei schlechtem Wetter angenehmer. Ein überstehendes Dach schützt zusätzlich vor Regen und Schnee.

Ställchen für Winzlinge

Für die Haltung einer kleinen Legehennengruppe genügt schon ein großer Kaninchenstall. Trotzdem können Sie Ihren Tieren weit mehr Platz zur Verfügung stellen, wenn Sie das möchten.
Je großräumiger der Stall ist, desto mehr Komfort und Freiraum haben Ihre Wachteln. Dem gegenüber steht für Sie als Halter ein größerer Versorgungsaufwand. Auch die Handhabung, vor allen Dingen das Einfangen der kleinen Flattermänner, wird schwieriger, je größer der Stall ist.
An dieser Stelle müssen Sie entscheiden, was Ihnen besonders wichtig ist. Für welche Art von Wachtelzuhause Sie sich entscheiden sollten, hängt zudem von der Tiergruppe ab und nicht zuletzt davon, wie viel Sie investieren möchten.

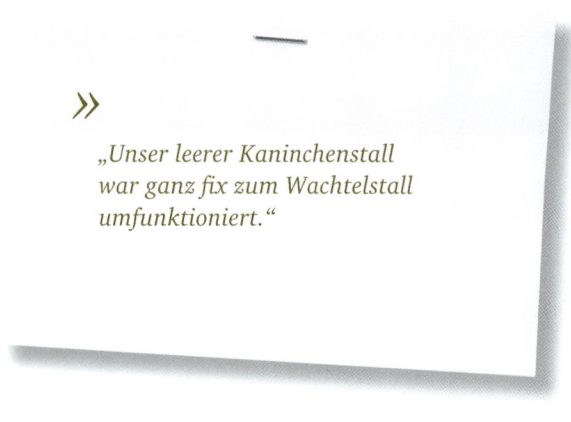

>>

„Unser leerer Kaninchenstall war ganz fix zum Wachtelstall umfunktioniert."

Zuhause für Hennengrüppchen

Legewachteln, die nicht brüten sollen, können das ganze Jahr über gemeinsam in einem Stall gehalten werden. Dies gilt auch, wenn ein Hahn in der Gruppe ist.

Für eine Rasselbande von vier bis sechs Tieren können Sie schon in einem einfachen Holzstall, wie sie häufig für Kaninchen angeboten werden, ein angenehmes Wachtelzuhause schaffen. Auf einer Fläche von 1,5 bis zwei Quadratmetern lässt sich alles Wichtige für die kleinen Zweibeiner unterbringen. In Sachen Raum sind natürlich nach oben hin keine Grenzen gesetzt.

Pärchen-Bauten

Für die paarweise Haltung von Wachteln gelten dieselben Maßstäbe. Je größer eine Wachtelrasse ist, desto mehr Raum sollten Sie den Tieren zur Verfügung stellen. Für Wachteln, die gern aufbaumen, das heißt, einen erhöhten Sitzplatz aufsuchen, sollte der Stall entsprechend hoch und mit solchen Sitzgelegenheiten ausgestattet sein.

Plan in der Tasche

Damit Sie für die Zukunft gewappnet sind, sollten Sie sich bereits bei der Anschaffung der Winzlinge Gedanken darüber machen, ob Sie die ursprüngliche Haltungsform beibehalten wollen. Ziehen Sie beispielsweise in Erwägung, Ihren Wachtelbestand zu vergrößern, ist es vorteilhaft, von Beginn an genügend Platz einzukalkulieren.

Auch die Überwinterung Ihrer kleinen Zweibeiner sollten Sie unbedingt einplanen. In der kalten Jahreszeit müssen selbst für die als „winterhart" bezeichneten Rassen spezielle Vorkehrungen getroffen werden (siehe Seite 40).

Ein gut zugänglicher Stall erhöht den Spaß bei der Versorgung.

Bodenständige Grundlage

Der Boden des Wachtelstalls sollte eben, aber keinesfalls glatt sein. Die Tiere müssen sich frei und gefahrlos bewegen können, ohne dabei auszurutschen. Betonböden oder plane Holzböden eignen sich bestens als Grundlage. Eine Einstreu aus Hobelspänen (siehe auch Seite 55) sorgt zusätzlich für Komfort, Wärme und Bewegungssicherheit. Wichtig ist eine gute Dämmung gegen Bodenfrost und -feuchtigkeit.

Betonböden sollten entsprechend solide sowie hoch genug oder mit einer Umrandung versehen sein, sodass kein Wasser in den Stall laufen kann. Bei Holzställen können Sie eine gute Dämmung erreichen, indem Sie die Bodenplatte erhöht anbringen. Der Abstand zwischen Boden und Stallplatte sollte mindestens 30 Zentimetern sein.

Rundum geschützt

Wegen ihrer geringen Größe haben Wachteln mehr Fressfeinde als viele andere Geflügelarten. Nicht nur Wildtiere wie Fuchs und Marder können den Kleinen gefährlich werden. Auch für Katzen sind die Winzlinge leichte Beute, wenn sie ungeschützt sind.
Ein stabiler Stall, der Jägern keine Möglichkeit gibt, an die Wachteln zu gelangen, ist Grundvoraussetzung für ein schönes Wachtelleben. Die Öffnungen, beispielsweise zur Belüftung (siehe übernächster Abschnitt) oder die Maschen von Gittern, sollten so eng bemessen sein, dass die Wachteln ihren Kopf nicht hindurchstecken können. Damit wird nicht nur verhindert, dass die Flattermänner sich verfangen oder verletzen. Auch Katzen können dann nicht nach Ihren Lieblingen „angeln". Einige Fressfeinde können sich sehr schlank machen und sind äußerst erfinderisch darin, sich Zugang zu Geflügelställen zu verschaffen. Achten Sie deshalb darauf, dass der Stall keine Schwachstellen aufweist und sicher verriegelt werden kann.
Neben dem Schutz vor Feinden ist auch der Schutz vor Gefahrenquellen im Stall wichtig. Scharfe Kanten, an denen sich die Tiere verletzen können, oder Spalten, in denen sie sich verfangen können, müssen unbedingt vermieden werden.

Um sicherzugehen, dass Sie solche Schwachstellen nicht übersehen haben, betrachten Sie den Stall aus Wachtelperspektive. Streichen Sie mit den Händen über alle Flächen, um sich zu vergewissern, dass sie keine überstehenden Nägel oder Ähnliches übersehen haben. Vergessen Sie dabei nicht, auch die Decke des Stalls zu kontrollieren.

Sprunghafte Gesellen

Wachteln fliegen nicht aus dem Stand heraus. Sie springen in die Luft und flattern dann los. Deshalb ist eine sichere Stallhöhe äußerst wichtig. Liegt der Abstand zwischen Boden und Decke unter vierzig Zentimeter, werden die Wachteln keine Sprung- oder Flugversuche unternehmen – es sei denn, sie werden aufgeschreckt. Um ganz sicher zu gehen, dass sich kein Tier verletzt, indem es gegen die Decke springt, können Sie diese mit einer Polsterung versehen. Mit Stoff überzogener Schaumstoff ist etwa eine Lösung hierfür.
Ab einem guten Meter ist der Abstand zwischen Boden und Decke wieder groß genug, um Verletzungen durch Sprünge zu verhindern.

Klasse Klima

Wachteln mögen und brauchen Sonnenlicht, frische Luft, eine trockene Umgebung und moderate Temperaturen. Von diesen Faktoren wird das Wohlbefinden der kleinen Flattermänner stark beeinflusst, und dadurch auch die Legeleistung.
Damit Ihre Winzlinge möglichst viel Tageslicht abbekommen, richten Sie den Stall am besten nach Süden oder Südosten aus. Achten Sie darauf, dass die Kleinen sich bei starker Sonneneinstrahlung in schattige Ecken zurückziehen können. Der Stall darf sich nicht zu sehr aufheizen. Wachteln vertragen moderate

Schrauben und Nägel sollten ganz versenkt werden, damit sich die Tiere nicht an ihnen verletzen können.

Kleine Maschen und eine solide Stallverriegelung sorgen dafür, dass Ihre Lieblinge keinen unerwünschten Besuch von Fressfeinden oder Mäusen bekommen.

Kühle weit besser als Hitze. Allerdings sind frostige Temperaturen ganz und gar nicht ihr Ding. Wie Sie den Wachtelstall winterfest machen, erfahren Sie auf Seite 40.

Im Wachtelzuhause darf es weder stickig werden, noch darf Zugluft entstehen. Bei Ställen, die zumindest auf einer Seite offen sind, genügt eine regelmäßige Reinigung damit das Klima angenehm bleibt.

Für zusätzliche Frischluftzufuhr können Sie durch Lüftungsschlitze im oberen Stallbereich sorgen. Öffnungen von drei bis fünf Zentimetern Höhe genügen. Vergessen Sie nicht, diese mit einem feinmaschigen Drahtgitter zu versehen, um ein Ausbüxen der Flattermänner und ein Eindringen von unterwünschten Besuchern zu verhindern.

Feuchtigkeit und Nässe vertragen Wachteln vor allem dauerhaft nicht gut. Ein überstehendes Stalldach schützt Ihre Lieblinge vor Regen und Schnee. Von mehreren Seiten geschlossene Rückzugsmöglichkeiten innerhalb des Stalls und/oder geschlossene Wände zur Wetterseite tragen ebenfalls dazu bei, dass alles in „trockenen Tüchern" bleibt.

Um das Entstehen von Feuchtigkeit innerhalb des Wachtelzuhauses zu vermeiden, ist die regelmäßige Stallreinigung unerlässlich. Zudem sollten Sie die Tränken so anbringen, dass sie auf keinen Fall umkippen können. Nasse Einstreu, beispielsweise wenn beim Einsetzen der frischen Tränke etwas verschüttet wird, ersetzen Sie am besten sofort.

Fertighäuschen

Für Kleintiere werden allerlei Fertigställe angeboten, die sich auch für die Wachtelhaltung eignen. Möchten Sie ganz bequem starten, indem Sie einen Stall kaufen, sollten Sie auf eine solide Bauweise und eine für die Tiere passende Form achten. Die Tauglichkeit der Behausungen ist hierbei der wichtigste Punkt. Lassen Sie sich nicht zum Kauf eines Stalls verführen, nur weil er hübsch und mit allerlei Räumchen und Besonderheiten versehen ist. Diese Kriterien mögen uns Menschen sehr zusagen. Für die Wachteln dagegen ist lediglich eine natürliche Umgebung wichtig, in der sie sich behaglich fühlen.

Hierzu gehören eine große Lauffläche, die auch bei schlechtem Wetter zur Verfügung steht und trocken bleibt, sichere Rückzugsmöglichkeiten sowie genügend Raum für Näpfe, Tränken, gemütliche Legeecken und ein Sandbad (siehe Seite 34).

Für Sie als Halter sollte der Stall zudem praktisch sein. Überflüssiger Schnickschnack oder verwinkelte Bauweisen schränken nicht nur Ihre gestalterischen Möglichkeiten in Bezug auf eine wachtelgerechte Einrichtung ein, sondern erschweren auch die Stallreinigung und die Versorgung der kleinen Flattermänner.

Sie können Fertigställe im Internet oder im Zoofachhandel erwerben. Die günstigsten Modelle für kleine Tiergruppen kosten rund einhundert Euro. Etwas größere Modelle mit mehreren Abteilen oder angrenzendem Freilauf liegen zwischen drei- und vierhundert Euro.

Zimmervolieren können Sie verwenden, wenn Sie diese in einem passenden Gebäude, beispielsweise einer Laube, unterbringen. Kleine Modelle hiervon gibt es schon für rund 50 Euro. Große Volieren kosten 350 Euro und mehr.

Gebrauchte Ställe und Volieren gibt es natürlich zu geringeren Preisen. Entscheiden Sie sich für diese Variante, sollten Sie das Vogelzuhause zwei Wochen vor Einzug Ihrer Wachteln gründlich reinigen und desinfizieren.

Selbstgebautes Wachtelheim

Sind Sie gern handwerklich tätig, bieten sich Ihnen beim Bau eines Wachtelstalls oder einer Voliere zahlreiche Möglichkeiten, kreativ zu sein. Baupläne und Anregungen hierzu finden Sie auf vielen Internetseiten.

Für das Grundgerüst bieten sich Vierkanthölzer an. Wählen Sie diese in einer Breite, die stabil genug ist für den Rahmen, aber ebenso tauglich für kleinere Ausstattung, beispielsweise Legenester. Dazu reduzieren Sie die Holzabschnitte.

Für den Stallboden eignet sich eine geschlossene Platte. Wer's für die Reinigung ganz bequem haben möchte, kann den Boden mit einem PVC-Belag ausstatten: Dann kann sogar mal ordentlich durchgewischt werden.

Die Wände können aus Platten sowie steckbaren oder übereinander angebrachten Brettern bestehen. Senkrecht angebracht, läuft Regenwasser besser ab.

Das Dach kann ebenfalls aus Brettern oder einer geschlossenen Platte bestehen. Um Regen und Schnee abzuhalten, sollten Sie es mit wasserdichtem Material versehen, zum Beispiel Dachpappe.

Wer einen Kleintierstall oder gar ein Gebäude, beispielsweise ein Gartenhäuschen, zur Verfügung hat, kann dieses ebenfalls wachtelgerecht umbauen.

Mit einem aufklappbaren Dach werden die Versorgung der kleinen Laufvögel, das Einsammeln der Eier und die Einrichtung des Stalls ein Kinderspiel.

Innenraum und Gestaltung

Tränke, Trog und Napf sowie Einstreu und Versteckmöglichkeiten dürfen in einem Wachtelstall nicht fehlen. Neben diesen Must-haves haben Sie eine Menge gestalterischen Spielraum.

Handlich eingerichtet

Das Interieur des Stalls sollte stabil sein. Wer jedoch alles fest verankert, tut sich damit keinen Gefallen. Das Säubern wird erschwert, die Umstrukturierung des Innenraums ist mit Aufwand verbunden und das Einfangen der Tiere kann problematisch werden, wenn sie sich Ihrem Griff in unzugängliche Verstecke entziehen können.

Besser ist es, Sie legen alles herausnehmbar an. Da Wachteln nicht sonderlich schwer sind, ist die Stabilität der Einrichtung leicht zu gewährleisten.

Einteilung des Wohnraums

Damit sich die Tiere wohlfühlen und Sie sich bequem um ihre Versorgung kümmern können, bietet sich eine durchdachte Einteilung des Stalls an. Weiche Einstreu und kuschliges Heu sollten sich nicht gerade um Tränke und Näpfe türmen, die dadurch ständig gereinigt werden müssen.

Im Fress- und Trinkbereich kann der Boden etwas mäßiger eingestreut sein. Eine gute Idee ist es, das „Verköstigungsareal" auf einer Stallseite einzurichten und auf der gegenüberliegenden Seite für Kuschelkomfort zu sorgen. Sie können auch ein Brett in den Stall legen, auf dem Sie Tränke und Tröge platzieren oder diese Gegenstände einzeln erhöht aufstellen (siehe Foto).

Da keine Wachtel gerne mitten im Trubel lebt, sollten entsprechende Rückzugsmöglichkeiten ebenfalls etwas entfernt vom Futterbereich eingerichtet werden. Am besten nutzen Sie die Stallecken oder -ränder hierfür. Stroh, Heu oder Kokosfasern sorgen in den Kuschelhöhlen für Gemütlichkeit.

Für ein Sandbad können Sie eine flache Schale verwenden. Oder Sie trennen einen Teil des Bodens mit Kanthölzern ab. Das Sandbad kann ruhig großzügig bemessen sein, weil die Wachteln es oft gerne gemeinsam nutzen. Es sollte jedoch nicht mehr als ein gutes Viertel der Fläche in Anspruch nehmen. Vogelsand als Einstreu ist dafür bestens geeignet. Beim Baden wird das Gefieder von Schmutz und Parasiten befreit. Außerdem regt es die Durchblutung an und steigert das Wohlbefinden der Tiere.

» „Wir geben unseren Wachteln ab und an Heubruch. Da fahren die voll drauf ab. Die suhlen sich darin und wirbeln alles auf und kriegen fast nicht genug davon."

Im Heubruch machen sich's die kleinen Genießer so richtig gemütlich und baden ausgiebig.

Entertainment-Bereiche

Wachteln fühlen sich in gewohnter Umgebung am sichersten. Das bedeutet aber keineswegs, dass Sie den Stall stets so belassen müssen, wie ihn Ihre Lieblinge kennen. Wachteln sind nämlich ziemlich neugierig, gehen gerne auf Erkundungstour und sind erfinderisch.
Wer möchte, kann seinen Flattermännern also dann und wann ein neues Detail vor den Schnabel setzen. Ob Häuschen, Zweige oder Rampen: Alles, was sich auskundschaften lässt und dazu noch Platz bietet, um sich darin zu verstecken oder darauf zu sitzen, finden die Winzlinge klasse.

Um Verunreinigungen durch Kot oder aufgewühlte Einstreu zu vermeiden, platzieren Sie die Tränke am besten leicht erhöht.

Schicke Höhlen

Für die Wachteln zählt, dass sie sich in ihrer Umgebung wohlfühlen und alle Arten von Plätzchen finden, die zu ihrem natürlichen Verhalten passen. Dabei scheren sich die Winzlinge nicht darum, ob es ein Blumentopf oder ein „echtes" Versteck zwischen Pflanzen ist, in dem sie sich aufhalten.

Sie haben also in Sachen Gestaltung des Wachtelheims zahlreiche Möglichkeiten. Einzig wichtige Kritikpunkte sind: Die verwendeten Materialien dürfen keine Schadstoffe enthalten und keine Verletzungsgefahr darstellen. Ob Sie Ihren Flattermännern Häuschen, wie sie für Nager im Zoohandel erhältlich sind, bieten, Gegenstände zweckentfremden oder etwas aus Zweigen basteln, spielt keine Rolle. Lassen Sie Ihrer Kreativität freien Lauf!

Vorteil Voliere

Sicher, Ihre Wachteln können sich auch in einem Stall, der ihren natürlichen Bedürfnissen gerecht wird, pudelwohl fühlen. Eine großzügig bemessene Voliere braucht zwar mehr Platz und ist etwas aufwendiger zu reinigen als ein kleiner Stall, bietet Ihnen aber viel mehr Gestaltungsspielraum.

Sie haben hierbei auch nach oben hin Luft und können beispielsweise Rampen einbauen, die zu erhöhten Sitzgelegenheiten führen. Nicht zuletzt kann der Boden vielfältiger eingestreut werden, sofern die Voliere auf Erde, Beton oder Stein aufgebaut ist. Das gefällt nicht nur den Wachteln. Vor allem in Sachen Bepflanzung können Sie sich kreativ austoben.

Solide Gegenstände können auf spielerische Weise einen ganz neuen Zweck erfüllen.

Naturnah und eine richtige Augenweide sind bepflanzte Wachtelareale.

Belebte Gartenträume

Bunte Blüten, frisches Grün und hübsche Vögelchen dazwischen: Wer ein Händchen fürs Gärtnern hat, kann wahre Wunderwelten für die Wachteln zaubern.

Besonders beliebt sind Bepflanzungen, die großzügigen Lichteinfall zulassen, aber gleichzeitig gemütliche Schattenplätzchen bieten. Geeignet sind vor allem größere Pflanzen, die im unteren Bereich wenig Bewuchs haben. Kleinere Blumen und Co. sollten so platziert sein, dass sich Ihre Lieblinge ungehindert bewegen können.

Richtigen Luxus und Augenweide pur schaffen Sie, wenn Sie zudem den Boden unterschiedlich anlegen. Wo sich Wurzeln, Steingärtchen, sandige Kuhlen, weicher Humusboden und sattes Grün abwechseln, haben die Wachteln grandiose Abwechslung – und der Mensch eine Menge Hübsches zu bestaunen.

Einzige Mankos: Großzügig angelegte Areale mit allerlei Pflanzwerk sind schwieriger zu reinigen. Und dort von den Hühnchen gelegte Eier sind leichter zu übersehen.

Wer jedoch bereit ist, genügend Zeit und Engagement zu investieren, kann schier grenzenlos wunderschöne Miniaturwelten erschaffen. Mit kleinen geflügelten Zweibeinern darin sind sie ein wahrlich lebendiges Gartenerlebnis.

Eine Liste geeigneter und ungeeigneter Pflanzen hierfür finden Sie im Anhang des Buches.

Grünes und Kuschliges

Auslauf brauchen artgerecht gehaltene Wachteln nicht unbedingt. Dennoch ist es schön, wenn man die kleinen Flattermänner dabei beobachten kann, wie sie sich im Freien bewegen und die Abwechslung genießen.

Wachteln unter freiem Himmel

Sattes Grün, in dem sich auch noch leckere Insekten finden, und freier Himmel über dem Kopf: Das gefällt den Winzlingen natürlich. Da Wachteln gut fliegen können, sollten Sie Ihre Lieblinge aber nicht einfach im Garten herumwuseln lassen.

Ein Muss ist der Freigang im Grünen nicht, aber wer den gefiederten Freunden diesen Luxus bieten möchte, hat mehrere Möglichkeiten.

Die Auslauffläche sollte so beschaffen sein, dass sich die Tiere weder verheddern noch verletzen können. Allzu hoher Bewuchs sollte folglich vermieden werden. Auf diese Grundlage kann – im wahrsten Sinne des Wortes – aufgebaut werden.

Die sicherste Methode, den Wachteln Auslauf zu gewähren, ist eine eingezäunte Fläche, die auch nach oben hin geschlossen ist. Dadurch können die Vögelchen nicht ausbüxen – und Fressfeinde, zu denen übrigens auch Greifvögel gehören, nicht ins Terrain gelangen.

Zäune sollten bis zur Sprunghöhe von Wachteln mit feinem Maschendraht oder Brettern geschlossen werden.

Geerdetes Freilanderlebnis: Hier macht das gemeinsame Baden und Kuscheln so richtig Spaß.

>>

„Unseren Wachteln haben wir die Flügel gestutzt. Jetzt können wir sie im Gras laufen lassen. Wir müssen nur aufpassen, dass die Katze die nicht holt."

Sehr zutrauliche Wachteln mit gestutzten Flügeln können im Schutz des Menschen auch mal den Garten besuchen.

Es gibt Halter, die sehr zutrauliche Wachteln besitzen und ihnen kleine Ausflüge in den Garten erlauben. Dieser Spaß ist dann möglich, wenn die Wachteln gestutzte Flügel haben (siehe Seite 61) und zu ihrem eigenen Schutz in Menschennähe gehalten und gut bewacht werden. Die putzigen Hühnchen sind nicht nur für Wildtiere, sondern auch für Nachbars Mieze leichte Beute – erst recht wenn sie nicht wegfliegen können.

Winterwärme

In freier Wildbahn ziehen Wachteln im Winter in den Süden. Deshalb sind die Vögelchen nicht besonders kälteresistent. Damit Ihre Lieblinge die kühle Jahreszeit gut überstehen, muss die Form der Überwinterung stimmen.

Heiß auf Komfort

Die meisten Wachtelarten vertragen kühle Temperaturen, reagieren aber auf allzu starke Kälte sehr sensibel. Für Ihre Flattermänner ist es am besten, wenn ihre Umgebungstemperatur nicht unter fünf Grad Celsius sinkt. Sobald die Tiere zu viel Energie in die Aufrechterhaltung ihrer Körperwärme stecken müssen, lässt die Legeleistung nach.

Sie wird übrigens auch durch die Lichtverhältnisse beeinflusst. Da die Tage im Winter kürzer sind, können Sie Ihren Lieblingen zusätzliches UV-Licht gönnen. Ansonsten müssen Sie mit weniger Eiern Vorlieb nehmen.

Ganz wichtig: Das Trinkwasser der Tiere darf nie gefrieren. Sie können einen ständigen Zugang zum klaren Nass gewährleisten, indem Sie es häufig erneuern, einen Tränkenwärmer benutzen oder die Rasselbande ganz einfach über den Winter in einem Raum halten, in dem die Temperatur nie unter den Gefrierpunkt sinkt.

Behagliche Kuschelhäuschen

Viele Halter bieten ihren Wachteln im Winter einen extra Unterschlupf im Stall oder der Voliere an, der zugfrei, geschützt und richtig kuschlig eingerichtet ist. Sie können solche Höhlen aus Holz bauen. Styroporplatten zwischen Innen- und Außenwand sorgen für Wärmedämmung.

Die ideale Größe der Winterhäuschen hängt von der Tierzahl und Rasse ab. Für rund sechs Japanische Legewachteln reicht ein knapper Quadratmeter. Am besten isolieren Sie auch den Boden des Kuschelquartiers. Wer sich das Putzen ein wenig leichter machen will, kann innen auf das Isoliermaterial einen Fußbodenbelag aus Kunststoff ziehen.

Eine innere Höhe von gut dreißig Zentimeter genügt. Nicht nur, weil die Wachteln sich hier meist ohnehin einkuscheln, sondern auch, um Wärmeverluste zu vermeiden.

Eine Wärmeplatte speziell für Geflügel verhindert, dass die Wachteln unterkühlen, wenn es draußen sehr kalt ist

Damit alles gut saubergehalten werden kann, sollten die Häuschen einen klappbaren oder abnehmbaren Deckel besitzen. Clevere Idee: Ein ausrangierter Schrank, der auf seine Rückseite gelegt wird, kann hier wunderbare Dienste leisten, wenn Sie zwei Zugänge einsägen und ihn auskleiden wie oben beschrieben.

Die Eingänge zu den Winterhäuschen sollten so angelegt sein, dass die Tiere sich bei Wind in einen warmen und zugfreien Bereich zurückziehen können. Streuen Sie großzügig ein und geben Sie viel Heu dazu. Um den Lichteinfall zu verbessern, können Sie ein Stück Plexiglas ins Häuschendach einsetzen. Damit es Ihren Schützlingen auch in besonders harten Nächten gutgeht, sollten die Eingänge zum Winterhäuschen verschließbar sein. Es genüg hierbei vollauf, wenn Sie etwas davor stellen können, beispielsweise ein Brett, damit die Warmluft aus dem Innern nicht entweicht. Solche Vorkehrungen sollten Sie ab zwanzig Grad minus treffen, was glücklicherweise nicht so häufig vorkommt.

Beachten Sie, dass es wichtig ist, dass den Flattermännern jederzeit Trinkwasser und Futter zur Verfügung stehen muss. Vergessen Sie nicht, diese bei Bedarf ins Kuschelhäuschen zu stellen.

Dämmmaterial zwischen Innen- und Außenwand des Stalls sorgt dafür, dass der Wärmeverlust im Winter reduziert wird.

Komplettumzug ins Warme

Wer einen transportablen Stall und einen Raum besitzt, der im Winter nicht zu sehr abkühlt oder sogar beheizt werden kann, hat es am leichtesten: Die Rasselbande kann mitsamt dem Häuschen umgesiedelt werden. Viele Wachtelhalter nutzen ihre Garage als Winterstandort für den Stall und simulieren über zusätzliches UV-Licht einen längeren Tagesrhythmus.

Mehr Platz in Anspruch nimmt eine Umsiedlung Ihrer Wachteln in einen eigens für die Winterhaltung bestehenden Stall oder Raum. Dies kommt vorwiegend für diejenigen in Frage, die ihre Wachteln sonst in einer fest installierten Voliere halten.

Bestens versorgte Lieblinge

Ein sauberer, artgerecht ausgestatteter Stall, gesundes
Futter, frisches Wasser und eine Portion Aufmerksamkeit:
Das ist das Grundrezept für ein glückliches Wachteldasein.

>> „Wachteln versorgen: Das ist gar nicht so schwer. Manchmal muss man ein bisschen ausprobieren, welches Futter ihnen so richtig gut tut. Aber das hat man schnell raus."

Satte Sache

Damit Ihre Lieblinge gesund und fit bleiben, ist die passende Grundversorgung bedeutend. Mit ein bisschen Fingerspitzengefühl lässt sich die richtige Futterzusammenstellung schnell finden.

Starke Grundlage

Der Nährstoffbedarf von Wachteln hängt von Alter, Art, Zustand und Haltungszweck ab. Entsprechend sollte das Futter an die Tiere angepasst werden. Ein artgerechtes Grundfutter ist die Basis für vitale und – sofern Sie darauf Wert legen – leistungsstarke Wachteln. Es gibt mehrere Möglichkeiten, Wachteln artgerecht und sinnvoll zu füttern. Die einfachste Methode zur Grundversorgung Ihrer Winzlinge ist der Kauf von Wachtelfutter. Dieses wird häufig in Form von Pellets angeboten. Je kleiner die Pellets sind, desto lieber werden sie gefressen. Nicht alle Händler führen diese speziell auf Wachteln ausgerichteten Futter-

mittel. Im Internet werden Sie sicher fündig und können sie online bestellen.
Viele Wachtelhalter nutzen als Basisnahrung Futter für andere Geflügelarten für ihre Flattermänner und passen sie durch Ergänzungen an die Bedürfnisse der Wachteln an. Bewährt haben sich beispielsweise Fasanen- und Wildgeflügelfutter, weil sie sich durch einen relativ hohen Proteingehalt auszeichnen (siehe folgender Abschnitt).

 „Wir haben mal Legemehl zugefüttert. Aber die legen auch ohne das sehr gut. Für uns als Hobbyhalter reicht das vollkommen."

Protein-Power

Ein entscheidender Faktor ist der Proteinanteil des Futters. Ist er zu gering, lässt die Legeleistung nach. Ein zu hoher Proteinanteil führt zur Verfettung der Tiere und zieht Durchfall nach sich. Deshalb ist es wichtig, dass die Eiweißversorgung der kleinen Zweibeiner auf ihre Bedürfnisse und Leistung abgestimmt wird.

Die Eier sind ein hervorragender Indikator für die Proteinversorgung. Zu kleine Eier sprechen für einen zu geringen Anteil im Futter. Große Eier und Eier mit Doppeldottern signalisieren eine überhöhte Eiweißversorgung. Haben Sie den Eindruck, dass die Futtermischung nicht passend ist, probieren Sie am besten selbst aus, welcher Proteingehalt für Ihre Schützlinge ideal ist.

Verändern Sie den Anteil am Futter vorsichtig in die entsprechende Richtung und beobachten Sie über ein paar Tage, wie die Wachteln darauf reagieren.

Für die meisten ausgewachsenen Wachteln eignen sich Futtermittel mit einem Rohproteinanteil von 18 bis 19 Prozent. Das Grundfutter muss nicht zwangsläufig exakt diesen Angaben entsprechen, der Proteinanteil sollte 17 Prozent aber nicht unterschreiten. Durch Zufütterung sowie Untermischung von weiterem Futter kann die Nährstoffversorgung der Flattermänner optimiert werden.

Zu große Eier sprechen für eine Proteinüberversorgung, zu kleine für eine Unterversorgung. Das rechte Ei hat eine normale Größe.

Die Mischung macht's

Zwar können Wachteln mit Grundfutter allein auskommen, allerdings wird hierdurch nicht unbedingt ein hohes Niveau der Nährstoffversorgung gewährleistet. Zudem ist es für die Tiere angenehmer, wenn sie einen abwechslungsreicheren Speiseplan haben.

Um die Proteinversorgung Ihrer Lieblinge anzupassen, haben Sie verschiedene Möglichkeiten. Proteinärmere Futtermittel können beispielsweise durch die Zufütterung folgender Eiweißquellen ergänzt werden:

- Insekten oder Würmer
- Garnelen
- Magerquark oder Joghurt
- Eifutter

Einem zu hohen Proteingehalt im Grundfutter kann durch das Untermischen von Legemehl mit einem geringeren Rohproteingehalt (17 Prozent) entgegengewirkt werden. Auch Grünfutter beeinflusst die Proteinaufnahme durch seinen geringen Nährstoffgehalt in diese Richtung.

Grundfutter gibt es meistens als Pellets.

Durch die Bügel können die Wachteln nicht in den Trog steigen und verteilen das Futter durch Picken und Scharren nicht im Stall.

Aus der Kornkammer

Ergänzend zum Grundfutter können Sie Ihren Flattermännern Körnermischungen anbieten. Damit die Winzlinge diese besser aufnehmen können, sollten vor allem größere Kornarten wie Mais, Gerste oder Weizen unbedingt in geschroteter Form oder gequetscht gegeben werden. Auch Exotenfutter, beispielsweise für Wellensittiche oder Kanarienvögel, können Sie dem Grundfutter beigeben.

Körnermischungen sorgen für eine ausgewo-gene Ernährung, bieten den Tieren Abwechslung sowie die Möglichkeit, ihren Proteinhaushalt zu regulieren. Außerdem verleiht besonders der Mais dem Eidotter eine schöne, kräftige Farbe.

Manche Wachteln nehmen die Körnermischung lieber auf, wenn sie separat vom Grundfutter angeboten wird. Wenn Sie Ihren Wachteln Körnerfutter geben, sollten Sie ihnen unbedingt auch Grit zur Verfügung stellen (siehe nächster Abschnitt).

Mineralischer Verdauungshelfer

Alle Vogelarten besitzen einen sogenannten Muskelmagen. Da sie keine Zähne haben, mit denen sie ihre Nahrung zerkleinern können, nehmen sie zusätzlich Steinchen auf. Diese wirken wie Mahlsteine, die bei Kontraktion des Muskelmagens die Nahrung aufspalten und leichter verdaulich machen. Deshalb ist es wichtig, Grit bereitzustellen, vor allen Dingen, wenn Sie Körnermischungen anbieten.

Grit ist außerdem ein Mineralstofflieferant, vor allem von Kalzium. Kalzium kann übrigens nur in Verbindung mit Vitamin D effektiv aufgenommen werden. Es ist in einem guten Grundfutter in genügendem Maße vorhanden. Der wichtigste Faktor für die Versorgung mit Vitamin D ist allerdings Sonnenlicht. UV-Strahlung, die übrigens auch über eine UV-Lampe bereitgestellt werden kann, sorgt dafür, dass dieses Vitamin vom Körper produziert wird.

Da durch die Bereitstellung von Grit nicht unbedingt gewährleistet wird, dass jede Wachtel genügend davon aufnimmt, können Sie die Mineralstoffversorgung über die Zugabe von flüssigen Ergänzungsfuttermitteln (zum Beispiel Kalzium „Drinks") zum Trinkwasser unterstützen. Weitere Präparate, etwa zur Vitaminversorgung, oder Kräuterhefe, die eine gesunde Darmflora fördert, können Sie ebenfalls über das Trinkwasser geben.

 Kalzium ist nicht nur zur Bildung der Eischalen wichtig, sondern auch für gesundes Gefieder und starke Knochen.

Frisches Nass

Wachteln benötigen ständig Zugang zu sauberem Trinkwasser. Deshalb ist es wichtig, dass Sie die Tränken regelmäßig kontrollieren, neu befüllen und reinigen.

Wer die Tränken in kurzen Abständen säubert, hat diese Arbeit im Nu erledigt und vermeidet hartnäckigen Schmutz und langes Schrubben. Für die kleinen Zweibeiner ist dadurch alles hygienisch und für Sie bequem.

An besonders warmen Tagen empfiehlt es sich, den Winzlingen öfter frisches, kühles Wasser anzubieten. Zu stark erwärmtes Wasser ist ein Bakterienherd. Im Winter darf die Tränke nicht einfrieren (siehe auch Seite 40).

Einfache Tränken aus Kunststoff lassen sich leicht säubern und können auch in der Spülmaschine gereinigt werden.

Leckerbissen und Bonusfutter

Sicherlich möchten Sie Ihre Minihühner dann und wann so richtig verwöhnen. Mit leckerem Zusatzfutter bieten Sie den Wachteln nicht nur Abwechslung, sondern stärken ein positives Verhältnis zwischen Mensch und Tier.

Grünfutter kommt gut an bei den Flattermännern. Es sollte allerdings mäßig zugefüttert werden, da es nicht sonderlich nährstoffreich ist.

Frische Snacks

Grünes aus dem Garten schmeckt den Winz-
lingen und liefert außerdem Vitamine. Neben
Salat werden gerne Kräuter wie Petersilie oder
Minze verspeist.
Löwenzahn, Rucola und Kresse sind ebenfalls
beliebt. Wer's bunter möchte, kann seinen
Wachteln Karotten oder Kürbis anbieten.
Bei Frischfutter sollten Sie unbedingt darauf
achten, dass Sie die Reste zeitnah aus dem
Stall entfernen. Liegengebliebenes verdirbt
sonst schnell, wird für die Tiere ungenießbar
oder führt zu Verdauungsproblemen.
Frischfutter hat einen relativ geringen Nährstoffgehalt und sollte deshalb nur als Beigabe
verabreicht werden. Sonst kann die Legeleistung zurückgehen.

Wachteln haben unterschiedliche Vorlieben.
Getrocknete Mehlwürmer finden sie aber alle
super lecker.

Wachtel-Küche

Küchenabfälle sind kein Wachtelfutter. Allerdings können Sie Ihren Lieblingen das ein
oder andere Schmankerl zukommen lassen,
das im Biomüll landen würde.
Grundlegend gilt: Das Futter muss frisch,
ungewürzt und verträglich sein. Karottenscha-
len, Abschnitte von Petersilie und Co. sowie
Salatreste werden gerne gefressen. Letztere
am allerliebsten mit kleiner Schneckenbeilage.
Auch gekochte Kartoffeln und Reis dürfen Sie
in Maßen geben, werden aber nicht von allen
Wachteln gemocht.

„Salat und Petersilie fressen die gern.
Aber auf getrocknete Mehlwürmer sind
die total scharf. Damit kann man die
super locken."

Trockene Köstlichkeiten

Hirsekolben sind ein besonderer Pick-Spaß für
die kleinen Zweibeiner. Die Körnchen sind
lecker und zudem können sie sich damit ein
ganzes Weilchen beschäftigen.
Gutes Heu wird von vielen Wachteln sehr
geschätzt. Beim einfachen Zupfen der Halme
bleibt es dabei nicht. Viele Wachteln sind so
verrückt danach, dass sie sich regelrecht darin
austoben, es aufwühlen, sich einkuscheln, die
Bündel zerfleddern und dabei die besten
Bestandteile wegfuttern.

Krabblige Häppchen

Wachteln gehören zu den Allesfressern, die neben pflanzlicher Nahrung sehr gerne Insekten verspeisen. Ganz oben auf der Leckerliste rangieren Mehlwürmer. Diese Lebendsnacks, oder auch getrocknet, sind reich an Eiweiß und können im Zoofachhandel gekauft werden. Wenn Sie Ihren Lieblingen zusätzlich Beschäftigungsspaß bieten möchten, servieren Sie die Mehlwürmer in einer Schale mit Erde, Torf, Hobelspänen oder ähnlichem Material. Dann können die Wachteln nach Herzenslust scharren und auf die Suche nach den begehrten Häppchen gehen.

Insekten sollten Sie Ihren Lieblingen nur als Leckerli geben, da sie äußerst nährstoff- und proteinreich sind. Eine übermäßige Fütterung kann zur Verfettung der Wachteln führen.

Haben die kleinen Zweibeiner Zugang zu einem natürlichen Bereich wie einem Gartenstück, in dem sie ohnehin Insekten finden, ist eine zusätzliche Verwöhnung mit Mehlwürmern und Co. nicht nötig.

Neben Mehlwürmern sind auch Grillen beliebte Fleischbeilagen. Grillen und Heimchen sind ebenfalls im Zoofachhandel erhältlich. Wenn sie kleinere Grillenarten besorgen, sind diese leichter zu verspeisen und Sie können auch mal zwei Häppchen geben.

Aber Achtung: Lebende Grillen und Heimchen, die Ihnen entwischen, fühlen sich in Ihrer Wohnung wohl. Sie werden sie nur schwer wieder los. Besser ist es, sie vor der Verfütterung ins Gefrierfach zu geben. Dann können sie keinen Schaden mehr anrichten.

Mit einzelnen getrockneten Mehlwürmern aus der Hand lassen sich Wachteln ganz leicht zahm machen.

Da schau' an, ein Leckerbissen! Insekten stehen bei Wachteln ganz oben auf der Lecker-Liste.

Putztag bei den Winzlingen

Ein sauberer Stall gehört zu den Grundlagen für das Wohlbefinden der Tiere. Auch die Versorgung macht viel mehr Spaß, wenn keine unangenehmen Düftchen in der Luft liegen. Vor allem bei regelmäßiger Reinigung ist alles ganz fix wieder sauber und frisch.

Wachteln raus

Bevor es ans Großreinemachen geht, empfiehlt es sich, die Winzlinge erst einmal auszuquartieren. Über kurze Zeit können Sie Ihre Wachteln in einem Karton oder einer Kiste unterbringen, die mit Luftschlitzen versehen ist. Bitte vergessen Sie nicht, den Tieren zumindest Wasser zur Verfügung zu stellen, während sie darauf warten, in die Gemütlichkeit eines gesäuberten und frisch eingestreuten Stalls zurückzukehren. Brauchen Sie für die Reinigung länger als zwanzig Minuten, sollten Sie den Wachteln auch Futter in ihre „Wartebox" stellen.

Wer einen Stall mit zwei voneinander abtrennbaren Abteilen hat, kann diese nacheinander reinigen. So können die Tiere in ihrer gewohnten Umgebung bleiben.

Schmutz raus

Die alte Einstreu lässt sich leicht mit einer Schaufel entfernen. Ein ausgedienter Handbesen kann einen neuen Zweck finden, wenn es darum geht, den Schmutz aus den Ecken zu entfernen oder Staub- und Federreste zusammenzukehren. Hartnäckigem Schmutz, wie getrocknetem Kot, können Sie mit einem Spachtel der Garaus machen.

Wachteln gelten zwar als ziemlich robust, dennoch ist es sinnvoll, Milben und Co. keinen Nährboden im Stall zu lassen. Feuchtwarme Stellen, an denen sich Kot oder Futterreste sammeln, sind besonders beliebt bei den unerwünschten Kleinlebewesen und bei Bakterien. Solche Risikobereiche können Sie mit einem für die Stallreinigung hergestellten Desinfektionsmittel einsprühen.

Bei besonders starker Verschmutzung kann eine Grundreinigung mit Wasser sinnvoll sein. Achten Sie darauf, dass der Stall komplett getrocknet ist, bevor Sie ihn wieder bestücken. Bequemer und hygienischer ist es, den Stall in kürzeren Abständen zu putzen.

Kleine Ställe sind im Nu ausgemistet.

Gefahrenstellen, an denen sich
Bakterien oder Milben ansammeln
können, behandeln Sie am besten
mit einem Stalldesinfektionsmittel.

Mit einem Spachtel lässt sich hartnäckiger
Schmutz leicht entfernen.

Ob kompostiert oder direkt untergegraben: Die alte Einstreu ist ein nährstoffreicher Dünger.

Lieber locker

Wer die Stallreinigung vor sich herschiebt, tut weder sich noch den Tieren einen Gefallen. Verschmutzungen durch Kot oder Futterabfälle sind nicht nur Nährboden für Parasiten und Krankheitserreger. Bleibt Kot an den sensiblen Füßchen der Winzlinge kleben, kann das zu Beeinträchtigungen und Verletzungen führen.

Um dem vorzubeugen und sich selbst die Versorgung der Wachteln sowie die große Stallreinigung angenehmer zu gestalten, ist es am besten, wenn Sie in kurzen Abständen für Sauberkeit sorgen. Sie müssen deshalb nicht täglich alles putzen. Wer bei der Fütterung der Flattermänner den gröbsten Schmutz entfernt und ein bisschen frische Einstreu verteilt, macht es sich schon um einiges leichter.

„Putzen gehört eben auch dazu. Das macht mir nicht immer so viel Spaß. Aber hinterher, wenn die Wachteln in der frischen Einstreu baden, das ist cool."

Bestens fürs Beet

Das Gemisch aus natürlicher Einstreu und Kot lässt sich hervorragend kompostieren. Falls Sie keinen Garten besitzen, können Sie kleinere Mengen über den Restmüll entsorgen. Allerdings wäre es schade, solch guten Dünger wegzuwerfen. Vielleicht finden Sie in der Nachbarschaft jemanden, der sich über diese Pflanzenpower freut.

Frisches Kuschelheim

Es gibt mehrere Arten von Einstreu, die sie verwenden können. Hobelspäne, wie sie im Zoohandel für Nager angeboten werden, sind eine Option. Strohhäcksel eigenen sich ebenfalls und können mit Hobelspänen vermischt verwendet werden. Wichtig ist, dass die Einstreu natürlich ist, nicht staubt, sowie schadstofffrei und fein genug ist, damit sich die Tiere ungehindert bewegen können.

Fluffig und natürlich: Hobelspäne bieten einen weichen Untergrund und nehmen Schmutz gut auf.

Wachtel-Handling

Allein wegen ihrer geringen Größe ist ein vorsichtiger Umgang mit den Hühnchen oberstes Gebot. Mit ein klein wenig Geduld lässt sich das richtige Handling schnell erlernen.

So halten Sie eine Wachtel sicher fest, ohne ihr wehzutun.

Entspannt gehandhabt

Ein ruhiges Verhalten ist das A und O im Umgang mit den Vögelchen. Da Wachteln Fluchttiere sind, ist die Grundlage für jede Art von Beschäftigung mit den Tieren, sich ihnen so zu nähern, dass sie möglichst entspannt bleiben.

Langsame Bewegungen, moderate Geräusche und vertraute Locklaute sorgen dafür, dass Ihre Winzlinge sich in menschlicher Gegenwart wohlfühlen. Die Lichtverhältnisse spielen dabei ebenfalls eine wichtige Rolle. Wachteln, die ihre Umgebung deutlich wahrnehmen, verhalten sich viel ruhiger als Tiere, denen es schwerfällt, das Geschehen um sie herum klar zu erkennen und einzuordnen.

Es ist folglich sinnvoll, sich mit den kleinen Flattermännern bei Tageslicht zu beschäftigen. Sobald es dunkel wird, sind dagegen beruhigende Laute und vorsichtige Bewegungen besonders angeraten.
Hektik sollten Sie in jedem Fall vermeiden. Aufgeschreckte Wachteln, die panisch umherflattern, können sich schnell verletzen.
Übrigens: Wachteln sind in der Lage, Menschen zu unterscheiden. So wird der verantwortungsvolle Halter, an den sie gewöhnt sind, weit gelassener empfangen als eine fremde Person.

Voll im Griff

Das Einfangen von zutraulichen Tieren ist normalerweise kein Problem. Deshalb ist es sehr vorteilhaft, sich regelmäßig mit den Winzlingen zu beschäftigen. Sind die Wachteln gewohnt, mit dem Mensch auf Tuchfühlung zu gehen, sind Einfangen und Festhalten der Wachteln ein Klacks.
Manche Tiere sind so zutraulich, dass sie sogar auf die offene Hand kommen und dort in aller Seelenruhe sitzenbleiben. Doch das sind Gewohnheits- und auch Charakterfragen.
Eine sichere Einfang- und Haltemethode von weniger menschenaffinen Tieren ist es, ihnen über den Rücken zu greifen. Strecken Sie Zeige- und Mittelfinger aus, sodass sie diese rechts und links entlang des Halses des Tieres legen können. Mit den restlichen Fingern umfassen Sie den Körper der Wachtel. Hierbei werden die Flügel vorsichtig angedrückt. Die sensiblen Füßchen bleiben frei, während Sie das Tier sicher und gleichzeitig sanft im Griff haben (siehe Fotos).
Für das Einfangen sehr scheuer oder aufgeschreckter Wachteln kann ein Köcher nötig sein. Versuchen Sie auf keinen Fall den Tieren nachzujagen oder in hektischen Bewegungen nach ihnen zu greifen. Das wird deren Panik nur schlimmer machen.Warten Sie, bis das

Tier, das Sie einfangen möchten, eine ruhige und zugängliche Position einnimmt. Nähern Sie den Köcher in einer langsamen Bewegung. Ein schnelles Überstülpen des Netzes über die Wachtel ist nur dann angeraten, wenn Sie ganz sicher sind, dass Sie das Tier dabei nicht verletzen könnten.
Wer sich regelmäßig mit seinen kleinen Zweibeinern abgibt und ihr Vertrauen in den Menschen stärkt, wird sicherlich mit leichteren Einfangmethoden auskommen.

Geberlaune und Geduld

Wachteln sind bestechlich. Richtig gelesen. Mit Leckereien können Sie eine Menge bewegen und das Vertrauen der kleinen Flattermänner in Sie stärken.
Verbinden die Tiere Schmackhaftes mit Ihnen als Mensch, werden sie ihre Anwesenheit bald sehr entspannt hinnehmen oder sogar neugierig auf Sie zukommen. Damit diese Art der Annäherung Früchte trägt, sollten Sie darauf achten, dass das Anbieten von Leckereien stets mit einem rein positiven Eindruck einhergeht. Wer den Winzlingen beispielsweise Mehlwürmer anbietet, sich jedoch eine Wachtel schnappt, sobald die Tiere den Leckerbissen holen, wird genau das Gegenteil erreichen und Misstrauen ernten. Bleiben Sie geduldig und lassen Sie die Tiere immer auf sich zukommen.
Wer genügend Zeit und ein paar Bestechungshappen investiert, wird bald sehr zutrauliche und damit auch einfach zu handhabende Wachteln besitzen. Sind die Flattermänner erst einmal „geeicht" und kennen Sie sowie das Anbieten von Leckereien als etwas durchweg Positives, können Sie sich das auch in anderen Situationen zunutze machen. Bleiben Sie trotzdem stets ruhig bei allem, was Sie in Gegenwart der Winzlinge tun, dann wird das harmonische Miteinander nicht erschüttert.

Wer ist wer im Wachtelstall

Bei der paarweisen Haltung von Wachtelarten, deren Geschlechter sich optisch unterscheiden, werden Sie natürlich keine Schwierigkeiten haben, die Tiere auseinanderzuhalten. Bei sich gleichenden Wachteln kann eine Beringung dabei helfen, die Tiere zuverlässig zuzuordnen. Dies ist vor allem dann vorteilhaft, wenn Sie auf einen Blick Männchen von Weibchen unterscheiden können möchten, beispielsweise, weil sie junge Wachteln haben, die bald getrennt werden müssen.

Es gibt auch Situationen, in denen es sich anbietet, eine einzelne Wachtel zu kennzeichnen. Vielleicht möchten Sie das Tier genau beobachten können, weil es eine Verletzung hatte.

Oder Sie wollen ganz einfach jeden einzelnen Flattermann sofort erkennen. Hierfür können Sie Ringe in verschiedenen Farben benutzen. Vorschrift ist dieser „Schmuck" aber nicht. Nur wer mit seinen Zuchttieren auf Ausstellungen vertreten sein möchte, muss eine Beringung vornehmen.

Einfache Fußringe in verschiedenen Farben und Größen können Sie im Internet bestellen. Wer züchterisch aktiv sein möchte, kann die Ringe vom Verband beziehen.

Wichtig ist, dass Sie Ihre Lieblinge erst kennzeichnen, wenn sie annähernd ausgewachsen sind. Zu enger Fußschmuck kann einwachsen oder die Tiere in ihrer Motorik einschränken. Zu weite Ringe gehen schnell verloren. Für Legewachteln sind meist Ringe mit einem Durchmesser von sechs Millimetern passend. Es gibt Bandringe und Clipringe. Erstere bestehen aus einem gerollten Band, bei dem sich das Material überlappt. Sie werden aufgezogen, über den Fuß gestülpt und ziehen sich wieder zusammen, wenn man sie loslässt. Clipringe lassen sich öffnen, können dann über den Fuß geschoben und – wie ihr Name schon sagt – zusammengeclipt werden.

Markiert:
So bringen Sie einen Fußring richtig an.

Ein einfach ausgestatteter Karton genügt als Transportmittel über kurze Strecken.

Winzlinge auf Reise

Für kurze Transportstrecken, nicht länger als eine halbe Stunde, eignen sich stabile Kartons, die mit Luftschlitzen oder -löchern versehen sind. Ein bisschen Einstreu, damit's nicht glatt ist, und schon können die Flattermänner von A nach B umziehen.

Wichtig ist bei jeder Art von Transportbox, dass sie nach allen Seiten – und damit auch nach oben hin – geschlossen ist.

Für etwas längere Transportwege sollten Sie unbedingt Wasser und etwas Futter zur Verfügung stellen. Hirsekolben und Salat eignen sich als Wegzehrung besonders gut. In Näpfen verabreichtes Futter dagegen wird schon bei kleinen Erschütterungen schnell in der Box verteilt.

Damit dasselbe nicht mit dem Wasser passiert, können Sie ein sogenanntes Trinkröhrchen an der Außenseite des Kartons befestigen. Schneiden Sie etwa fünf Zentimeter über dem Kartonboden ein Loch in die Pappe, durch das Sie den Trinkeinsatz, in den das Wasser aus dem Röhrchen läuft, schieben. Damit können die Winzlinge ihren Durst stillen, ohne dass alles vollgekleckert wird.

Damit die Tiere auch im Karton genügend Licht abbekommen, können Sie auf einer der Längsseiten ein kleines Fenster einschneiden, das Sie von innen mit Volierendraht abdecken. Zum Befestigen nehmen Sie am besten solides Klebeband. Es sollte sich auf keinen Fall lösen und die spitzen Drahtenden sicher abdecken. Den Volierendraht von innen anzubringen ist deshalb sinnvoll, weil er sich nicht löst, wenn die Tiere dagegendrücken.

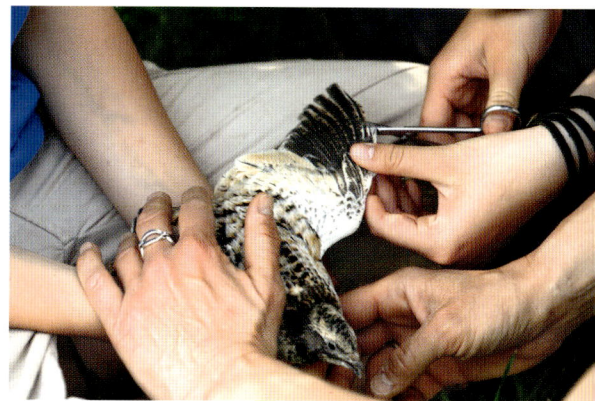

Das Stutzen der Flügel tut den Tieren nicht weh, macht sie aber flugunfähig.

Da stutzt du!

Das Flügelstutzen ist für die Wachteln nicht schmerzhaft und schränkt sie, da sie Laufvögel sind, nicht in ihrem Verhalten ein. Die Prozedur ist nicht schwer, wichtig ist nur, dass Sie eine scharfe Schere verwenden, idealerweise mit abgerundeter Spitze, und die Federn nicht zu nah am Ansatz kürzen, da sie dort Blutgefäße und Nerven enthalten.

Stellen Sie sicher, dass die Wachtel nicht zappeln kann. Am besten, jemand hält das Tier behutsam, aber sicher fest. Klappen Sie einen Flügel vorsichtig aus und schneiden Sie die Schwungfedern auf etwa halber Länge ab. Kleiner Tipp: Wer dies nur an einem Flügel vornimmt, erreicht mehr. Dadurch, dass dann kein Flügel-Gleichgewicht herrscht, stellen die Wachteln ihre Flugversuche normalerweise ein. Nach etwa einem halben Jahr sind die Federn nachgewachsen und müssen erneut gekürzt werden.

Buntes aus dem Legenest

Konzentrierte Nährstoffpower im Miniformat: Wachteleier sind energiereich, gesund und bekömmlich – und sehen dazu noch äußerst hübsch aus.

Geballte Nährstoffladung

Neun bis zwölf Gramm wiegt ein Wachtelei im Durchschnitt. Das entspricht etwa einem knappen Fünftel eines mittelgroßen Hühnereis. Auch die Schale mit ihrem Sprenkelmuster ist eine Besonderheit. Nicht nur, weil sie hübsch anzusehen ist, sondern zudem, weil jede Henne ihr eigenes Eimuster hat, so individuell und einzigartig wie unser Fingerabdruck. Wer seine Pappenheimer gut beobachtet und kennt, wird bald genau wissen, welches Ei von welcher Henne stammt. Die Sprenkelung dient in freier Wildbahn als Tarnung.

Inhalt der bemerkenswerten Verpackung: eine geballte Ladung Nährstoffe, Vitamine und Mineralstoffe. Wachteleier sind aufgebaut wie Hühnereier und können genauso verwendet werden.

Die winzigen Eier übertreffen die Produkte ihrer großen Verwandten jedoch in einigen Punkten. Wachteleier enthalten 30 Prozent mehr Eigelb. Sie besitzen ein Vielfaches an Eisen, Vitamin B1 und B12 sowie an Phosp gleichzeitig aber weit weniger Cholesterin.

Legeleistung konstant halten

Die Legeleistung von Wachteln ist alters- und konditionsabhängig. Zudem spielt die UV-Strahlung eine wichtige Rolle. Junge Legewachteln legen locker bis zu 300 Eier im Jahr. Diese Leistung kann aber nur erreicht werden, wenn die Haltungsbedingungen stimmen. Die Tiere müssen sich in ihrer Umgebung wohlfühlen, besonders aber in aller Ruhe legen können und optimal ernährt werden (siehe Seite 44ff.). Außerdem müssen die Vögelchen genügend Tageslicht abbekommen. Zwölf bis dreizehn Stunden Helligkeit sollten gegeben sein. Im Winter können Sie die Zeit des Tageslichtes durch künstliche Beleuchtung ausdehnen. Wem eine konstant hohe Legeleistung nicht so wichtig ist, der kann natürlich darauf verzichten.

Wachteleier variieren in Form, Farbe und Größe.

Ei(n)sammeln

Da Wachteln am liebsten in aller Ruhe und Gemütlichkeit legen, werden Sie die meisten Eier in Verstecken finden. Geschützte Ecken mit weichem Stroh, Heu oder Kokosfasern gehören zu den Top-Fundplätzen.

Wühlen Sie ein klein wenig in den Legeplätzen. Manchmal geraten die Eier durch die Bewegung der Tiere unter die Einstreu. Außerdem springen sie einem mit ihrer Tarnsprenkelung nicht immer sofort ins Auge.

Suchen Sie den Stall täglich und gründlich nach frisch gelegten Wachteleiern ab. Nur wer sicher ist, dass ein aufgefundenes Ei frisch ist, kann kalkulieren wie lange es haltbar sein wird und sicher gehen, dass es schmeckt. Stark verschmutzte oder beschädigte Eier sollten Sie nicht verzehren. Da die Schale durchlässig ist, können die Verunreinigungen bereits ins Eiinnere gelangt sein, wodurch die Reinigung leider nicht mehr viel bringt. Das Waschen von Eiern verkürzt übrigens ihre Haltbarkeit.

> »
>
> *„Als unsere Wachteln begonnen haben zu legen, haben wir uns natürlich riesig gefreut. Die unterschiedlichen Farben und Sprenkelungen der Eier sind schon faszinierend."*

Kopfüber ins Lager

In jedem Ei befindet sich an der Unterseite, dem weniger spitzen Ende, eine kleine Luftblase. Sicherlich haben Sie diese schon auf dem „Grund" von Frühstückseiern gesehen. Werden Eier mit dem spitzen Ende nach unten zeigend gelagert, bleibt diese Luftblase oben und das Ei damit länger haltbar.

Die für Hühnereier typischen Papppaletten und -schachteln gibt es auch in kleinerer Ausführung, speziell für Wachteleier. Wenn Sie im Fachhandel nicht fündig werden, können Sie die Packungen über das Internet beziehen. Bei Raumtemperatur können Sie Wachteleier etwa drei Wochen lang lagern, ohne dass sie schlecht werden. Im Kühlschrank aufbewahrt, halten sie bis zu acht Wochen.

Frischetest

Da die Schale durchlässig ist, gelangt mit der Zeit immer mehr Luft ins Ei. Bestimmt kennen Sie den Wassertest: Ein Ei, das auf den Boden eines mit Wasser gefüllten Gefäßes sinkt, ist sehr frisch. Eier, die schon ein bisschen Zeit hinter sich haben, heben stark das „Hinterteil". Schwimmt ein Ei an der Wasseroberfläche, enthält es sehr viel Luft und ist entsprechend alt.

Tatsächlich verdorben sind diese Eier deshalb nicht unbedingt. Die meisten der Schwimmer sind schlicht etwas ausgetrocknet. Den Verzehr dieser Eier würde ich dennoch nicht empfehlen, auch wenn sie häufig noch genießbar sind.

Durch ihre Farbe und Sprenkelung sind die Eier bestens getarnt. Für's Einsammeln gilt: genau hingucken!

Wachteleier sind viel kleiner als Hühnereier, schmecken aber etwas intensiver und sind – hochgerechnet – viel nährstoffreicher. Links ist ein Hühnerei zu sehen, rechts ein Zwerg-huhnei.

Leichte Verschmutzungen lassen sich mit einem Küchentuch entfernen.

Partykracher zum Piksen

Mit dieser hübschen Kreation überraschen Sie Ihre Gäste garantiert. Und dabei sind die Mini-Spiegeleier ganz einfach und im Nu gezaubert. Wer seinen Gästen grandioses Fingerfood bieten möchte, serviert Spiegeleier einzeln mit Zahnstocher gespickt. Würzen können Sie die kleinen Appetithappen ganz nach Belieben.

Wachteleier können wie Hühnereier verarbeitet werden. Einzig das Schlagen von Eischnee und das Schälen gestalten sich etwas schwieriger.

In vier Minuten ist ein Wachtelei hart-
gekocht. In etwa zweieinhalb Minuten
gibt's wachsweiche Eier.

Frischer Power-Salat

Knackiger Salat und die winzigen Eier ergänzen sich hervorragend
zu einem grandiosen Vitamin- und Nährstoff-Cocktail. Leicht,
bekömmlich und gesund ist die Mischung aus Rohkost und Power-
päckchen. Anrichten lässt sich die Leckerei auf unzählige Arten, die
dem Appetithappen einen zusätzlichen Wow-Effekt geben.

Zum Staunen und Freuen

Ei im Ei. Na, da schau' an! Wenn das kein besonderes Frühstückser-
lebnis ist. Ein klein wenig Fingerspitzengefühl ist gefragt, wenn Sie
das Eigelb aus dem gekochten Hühnerei lösen. Dann heißt's nur
noch: gekochtes Wachtelei reinsetzen und nach Lust und Laune
verzieren. Wer sich richtig verkünsteln will, kann dem Wachtelei
ein Kükengesicht aufmalen und den Deckel des Hühnereis aufs
Köpfchen des gefleckten Kükens setzen: Besonders bei Kindern ein
echter Hingucker. Eier, die zum Verzehr gedacht sind, sollten Sie
nur mit Lebensmittelfarbe bemalen – das versteht sich von selbst.

Besonderes bis Wunderbares

In jedem Wachtelleben gibt es außergewöhnliche Situationen, in denen Sie als Halter gefragt sind. Bestenfalls sind das positive Erlebnisse, beispielsweise das Schlüpfen von Küken.

> „Mal muss man einen Zankhahn zur Raison bringen, mal stellt man fest, dass eine Henne brütet oder zieht winzige Küken groß. Langweilig wird's nie."

Fidele Rasselbande

Artgerechte Haltungsbedingungen, eine gute Versorgung und Sauberkeit tragen dazu bei, dass Ihre Lieblinge eine hohe Lebenserwartung haben. Eine regelmäßige Kontrolle der Tiere ist trotzdem ratsam.

Vitalitäts-Check

Nehmen Sie Ihre Lieblinge unter die Lupe, um deren Gesundheitszustand zu checken. Wachteln gelten gemeinhin als sehr robustes Geflügel. Trotzdem sollten Sie sich in regelmäßigen Abständen, etwa wöchentlich, davon überzeugen, dass es Ihren Lieblingen gut geht und an nichts mangelt.

Kleine Checkliste:
- normale Bewegung und Reaktion
- sauberes, geschlossenes Gefieder, wobei der Nackenbereich von Hennen teilweise frei sein kann, was vom Besteigen durch den Hahn herrührt und natürlich ist
- klare, wache Augen
- sauberer Schnabel mit normaler Form
- saubere Kloake
- trockenes Gefieder und trockene Haut, ohne Parasiten
- saubere Beine und Füßchen

Das sieht super aus. Alles sauber, klare Augen und schönes Gefieder.

Gefieder und Haut sind
frei von Schmutz und Pünktchen,
nicht verklebt und trocken:
tipp topp.

Spreizbeine vermeiden

Zu den bei Wachteln am weitesten verbreiteten Problemen gehört die Bildung von sogenannten Spreizfüßchen, oder treffender Spreizbeinen. Dieses Leiden tritt häufig auf, wenn Wachteln in den ersten beiden Lebenstagen auf glattem Boden gehalten werden. Das Füßchen rutscht weg, wodurch das Knie zur Seite hin überdehnt wird.
Das Resultat sind hinkende Küken oder Winzlinge, deren Beine ständig unter ihrem eigenen Gewicht wegrutschen. Verschlimmert sich der Zustand, läuft das Küken irgendwann auf dem Kniegelenk. Dieses wird wund, was soweit führen kann, dass der untere Teil des Beines abstirbt. Es gibt Wachteln, die einbeinig trotzdem drei Jahre alt werden.
Da der Verlauf vom Anfangs- bis zum Endstadium mit Schmerzen verbunden und die Wachtel in ihrer Bewegung eingeschränkt ist, sollten Sie den Spreizbeinen dringend vorbeugen.
Bei Anzeichen für dieses Handicap gilt: sofort dafür sorgen, dass das Küken sich nur noch auf rutschfestem Untergrund, etwa auf einem mit Leintuch bespannten Brett bewegt, bis es wieder normales Bewegungsverhalten zeigt.

Blessuren behandeln

Bei Streitereien und Rangkämpfen unter Wachteln kann es ganz schön zur Sache gehen. Kleinere Kratzer können Sie säubern und eventuell mit einer tiergerechten Salbe behandeln.
Wachteln, denen sehr zugesetzt wurde, sollten Sie so lange separat von der Gruppe halten, bis die Verletzungen verheilt sind. Sonst kann es passieren, dass die anderen Wachteln erst recht auf das verletzte Tier einhacken, was leider soweit gehen kann, dass es totgepickt wird.

Hackerei und Allerlei

Bei guter Haltung werden Sie kaum Probleme mit Auffälligkeiten bei Ihren Wachteln haben. Falls Sie es aber doch einmal mit Zankhähnen oder Zappelphilippen zu tun haben, gibt es meist eine Lösung.

Hektiker in Zaum halten

Manche Wachteln reagieren schreckhaft oder sehr sensibel auf verschiedene Reize. Selbst wenn Sie sich viel mit Ihren Flattermännern beschäftigen, kann es vorkommen, dass sie es einmal mit einem besonders hektischen Tier zu tun haben. Ein weit verbreitetes Problem bei diesen Zappelphilippen ist, dass sie mit dem Kopf an die Stalldecke stoßen, wenn sie nervös aufflattern.

Dem können Sie auf mehrere Arten entgegenwirken. Ist der Stall hoch, kann das Stutzen der Flügel die kleinen Nervenbündel davon abhalten, überall dagegen zu poltern. Bei einem niedrigen Stall von weniger als einen Meter Höhe, ist das Flügelstutzen aber vergebene Liebesmüh'. Denn Wachteln springen in die Luft, bevor sie losflattern und können trotz „Kurz-Feder-Frisur" an den Flügeln gegen die Decke schlagen.

In diesem Fall empfehle ich Ihnen, eine Polsterung, beispielsweise aus Schaumstoff, der mit festem Stoff überzogen ist, an der Stalldecke anzubringen.

In jedem Fall gilt natürlich: Verhalten Sie sich gegenüber solch schreckhaften Tieren besonders ruhig und vermeiden Sie Situationen, die für die Hektiker nervenaufreibend sind.

» *„Wir hatten zwei Hähne, die echt nur Terz gemacht haben. Die haben wir zum Schlachten gegeben. Selbst könnte ich unsere Wachteln aber nicht essen, glaube ich."*

Streithähne und Zicken

Der Begriff der Hackordnung hat seine Daseinsberechtigung: Hühnervögel machen ihren Status innerhalb der Gruppe durch teils sehr rabiate Kämpfe aus, bei denen kräftig aufeinander eingehackt wird. Dieses Verhalten ist völlig normal, sollte aber kein Dauerphänomen im Wachtelstall sein.

Ist der Status der einzelnen Tiere in der Gruppe geklärt, kehrt in einem artgerechten Umfeld wieder Ruhe ein. Stresssituationen, Platzmangel oder Begehrtes, das nur in geringem Maße verfügbar ist, seien es Futter oder Weibchen, führen zu Hackereien.

Gemeinsam aufgezogene Tiere, die die Geschlechtsreife erreichen, beginnen ebenfalls mit den Statuskämpfen.

Dies betrifft vorwiegend die Hähne, die sich profilieren wollen und um das „Vorrecht" auf die Weibchen zanken. Spätestens jetzt ist es an der Zeit, die männlichen von den weiblichen Tieren zu trennen (siehe auch Seite 92). Zeigt sich eine Wachtel besonders aggressiv, sollten Sie zunächst kontrollieren, ob äußere Einflüsse Unruhe in den Stall bringen. Können Sie dies ausschließen, sind ihre Wachteln rundum gut versorgt und fühlen sich sicher? Ist das Tier „nur" gegenüber dem Menschen aggressiv oder bringt es Stress in den Stall? Wenn Letzteres der Fall ist, sollten Sie die Wachtel aus der Gruppe nehmen. Möglicherweise verträgt sie sich mit einer anderen Wachtel(gruppe) besser. Sonst bleiben nur die Einzelhaltung, die jedoch nicht artgerecht ist, oder der Kochtopf.

Kräftig-deftig: Bei Rangkämpfen können die süßen Winzlinge ganz schön rabiat werden.

Draufgänger und Unruhestifter

Einige Hähne gehen beim Besteigen der Hennen nicht gerade zimperlich vor. Dass den Weibchen dadurch Gefieder im Nackenbereich fehlt, ist an sich nichts Schlimmes. Zeigen die Hennen jedoch Fluchtverhalten, sind nervös oder gar blutig gehackt, sollten Sie den Hahn aus dem Stall nehmen oder durch einen ruhigeren Gesellen ersetzen.

Wichtig sind an dieser Stelle zwei Punkte: Der Hahn sollte seiner Art entsprechend genügend Hennen zur Verfügung haben. Werden beispielsweise nur zwei Japanische Legewachteln mit einem Hahn gehalten, kann es sein, dass die Hennen öfter bestiegen werden, als ihnen gut tut. Der zweite Punkt ist: Sie sollten sicher ausschließen können, dass sich kein zweiter Hahn im Stall befindet. Bei einigen Rassen gleichen sich die männlichen und weiblichen Tiere so sehr, dass der Unterschied für den Laien schwer ersichtlich ist. Ein versteckter Konkurrent, der irrtümlich für eine Henne gehalten wird, sorgt natürlich für Heckmeck im Stall und bringt eine „Doppelbelastung" für die Hennen.

So kommt's zum Nachwuchs

Befruchtete Eier, die schön warmgehalten und geschützt werden, sind die Grundlage dafür, dass sich Küken darin entwickeln können. Nur wenn alle Voraussetzungen stimmen, schlüpfen am Ende putzige Flauschebälle.

Küken im Ei

Ohne Hahn keine Küken – logisch. Nur wenn die Eier befruchtet sind, kann darin Nachwuchs heranreifen.

Wer gerne einmal Wachtelküken haben möchte, muss aber deshalb nicht zwangsläufig einen Hahn besitzen. Halten Sie beispielsweise eine Mädelsgruppe von Legewachteln, können Sie sich einen Hahn von einem Züchter leihen. Oder Sie kaufen befruchtete Eier und wärmen diese in einem Brutapparat (siehe Seite 79). Wer ein Wachtelpärchen oder eine Gruppe mit Hahn hat, wird sicherlich befruchtete Eier finden. Diese können übrigens ohne Weiteres verzehrt werden, sofern sie noch nicht bebrütet wurden.

Je nachdem, ob Sie die Naturbrut anstreben oder die befruchteten Eier künstlich wärmen möchten, kommen unterschiedliche Herausforderungen auf Sie zu.

Damit die Naturbrut gelingt, sind vor allem Vorkehrungen wichtig, mit denen die Henne zum Brüten angeregt wird. Bei der Kunstbrut dagegen sind ein Brutapparat sowie die besondere Kontrolle des darin warmgehaltenen Geleges notwendig, während Sie in Sachen Stall und Versorgung Ihrer Flattermänner keine Veränderungen vornehmen müssen. Wichtigste Voraussetzung für beide Arten der Brut: Die Sicherstellung, dass die Hennen überhaupt befruchtete Eier legen. Bei der Pärchenhaltung gelingt dies relativ einfach. Schwieriger wird es bei Hennengruppen, zu denen ein oder mehrere Hähne gesetzt werden. Damit in dieser Konstellation eine hohe Befruchtungsrate erreicht wird, sind Ihr Feingefühl und ihre Beobachtungsgabe gefordert.

Fingerspitzengefühl gefragt

Gerade die für Anfänger besonders geeigneten Japanischen Legewachteln werden ihrem Zweck entsprechend meist in Gruppen von mehreren Hennen gehalten.

Im Schnitt ist ein Verhältnis von einem Hahn zu fünf Hennen geeignet. Dies kann aber keinesfalls pauschalisiert werden. Es gibt sehr „tatkräftige" Hähne, die viele Weibchen befruchten, genau wie eher zurückhaltende Gesellen, zu denen nur zwei, drei Herzdamen besser passen.

Hier sind Sie als Beobachter und „Partnervermittler" gefragt. Es ist immer besser, im Zweifel den Hahn durch einen anderen zu ersetzen, als die bestehende Hennengruppe zu verändern. Das gilt vor allem, wenn Sie den Eindruck haben, dass dem Racker nicht genügend Weibchen zur Verfügung stehen. Eine Zuführung neuer Hennen gestaltet sich aber oft als schwierig und bringt sehr viel Unruhe in den Stall. Sie würden damit nur überflüssigen Stress provozieren – erst recht, wenn schon zuvor durch einen allzu engagierten Begatter die Stimmung angespannt war.

Ganz besonderes Feingefühl ist gefragt, wenn Sie eine große Wachtelgruppe besitzen, für die

In weniger als drei Wochen entwickelt sich ein Wachtelküken im Ei.

ein einziges Männchen nicht ausreicht. Auch hier gilt der Richtwert von eins zu fünf. Hinzu kommt, dass Sie nicht nur das Verhalten der Hähne in Bezug auf die Hennen, sondern auch der Hennen untereinander genau beobachten müssen. Damit diese Form der Haltung gelingt, müssen sehr viel Platz zur Verfügung stehen und die Charaktere der Tiere harmonieren.

Es kann vorkommen, dass sich die Hähne beim Tretakt gegenseitig behindern und die Befruchtungsrate dadurch geringer ist. Dann kann ein weiterer Hahn eventuell sinnvoll sein. Ausprobieren, beobachten und mit Fingerspitzengefühl vorgehen, lautet die Devise.

Mehrfamilien-Zuhause

Halten Sie zwei oder mehrere Wachtelpärchen in einem Areal, ist es sinnvoll, die einzelnen Paare zur Brutzeit in separaten Abteilen unterzubringen. Haben die zusammengehörigen Hähne und Hennen ein Revier, das sie nicht verteidigen müssen, bringt das Ruhe für die Pärchen. Die Wahrscheinlichkeit für ein Gelingen der Brut wird deutlich erhöht.

Vom Pünktchen zum Küken

Je nach Rasse dauert die Brut zwischen 16 und 18 Tagen. Die Eier müssen konstant der Wärme durch die brütende Glucke oder einem entsprechenden Milieu im Brutapparat ausgesetzt sein.

Die Entwicklung des Kükens im Ei beginnt mit einem hellen Keimfleck, der sich auf dem Eigelb befindet. Bereits nach zwei Tagen ist das Herz des Kükens angelegt und beginnt zu schlagen. Nach vier Tagen sind sehr deutlich Blutgefäße und ein roter Doppelpunkt zu erkennen: die Augenansätze. Das Gehirn und die meisten Organe sind angelegt. Nach einer guten Woche nimmt der Nachwuchs soweit Struktur an, dass man ihn als Vogel identifizieren kann.

Es folgt die Phase, in der der Körper schneller wächst als der bis dahin im Verhältnis zum Rest sehr große Kopf. Federn bilden sich, der Kopf wird dem stumpfen Eiende zugewandt, schließlich verhärtet sich der Schnabel. Ernährt wird der Embryo durch Eigelb und Eiklar (Eiweiß), deren Nährstoffe er über seine Nabelschnur aufnimmt.

Kurz vor dem Schlüpfen ist diese Nährstoffquelle nur noch ein kleiner Dottersack, der über den Nabel eingezogen wird. Dieser Vorgang ist äußerst wichtig. Der Dottersack stellt nach dem anstrengenden Schlupf sicher, dass das Küken mit Nährstoffen versorgt wird und sich erholen kann.

Brut – mit Mama oder Maschine

Damit die Brut gelingt, braucht eine Henne ein kuschliges Nest, in dem sie sich sicher und geborgen fühlt. Wer keine brütende Glucke hat oder möchte, kann einen Brutapparat benutzen.

Eine Henne, die ihre Küken selbst ausgebrütet hat, kümmert sich um sie und hält sie warm.

Glucken-Komfort

Damit eine Henne überhaupt brütet, müssen einige Voraussetzungen erfüllt sein. Dass ein Hahn seine Holde besteigt, wodurch eine Befruchtung der in der Henne angelegten Eier stattfindet, genügt noch lange nicht.
Eine weitere wichtige Bedingung für eine gelingende Naturbrut ist: Die Henne muss eine geeignete Nistmöglichkeit vorfinden, in der sie ungestört brüten kann. Die Tiere brauchen genügend Platz, um sich zurückziehen zu können. Richten Sie im Stall kuschlige Ecken ein, in denen Sie Stroh, Heu oder Kokosfasern verteilen und die Sie mit Zweigen überdachen. Verändern Sie möglichst nichts in der Umgebung einer brütenden Henne und heben Sie das Tier auf keinen Fall vom Gelege. Auch wenn die Zweige, die die Kuschelecke schützen, verdorrte Blätter haben und für uns Menschen nicht mehr hübsch aussehen mögen: Je weniger Veränderungen stattfinden, desto eher bleibt die Henne auf den Eiern sitzen und wärmt sie.
Frisches Wasser sowie nährstoff- und vitaminreiches Futter müssen der werdenden Wachtelmama stets zur Verfügung stehen. Achten Sie hier besonders darauf, dass kein verdorbenes Futter im Stall verbleibt.
Wer Legefutter gibt, sollte dieses während der Brutzeit reduzieren. Sie können etwa die Hälfte der üblichen Ration daran durch Körnerfutter ersetzen. Damit tragen Sie dazu bei, dass die Legeleistung der Henne etwas reduziert wird, und sie wird eher auf dem Gelege sitzenbleiben.

Ruhe vor'm Rudel

Bei Hennen, die in einer Gruppe gehalten werden, sind, wenn es zur Brut kommt, Ihre Beobachtungsgabe und Ihr Eingreifen gefordert. Keine Wachtel brütet gerne im „Trubel" eines Rudels, sondern viel lieber ungestört.
Sobald eine Henne sich auf ihrem Gelege niederlässt, sollten Sie diesen Stallbereich abtrennen. Eine andere Möglichkeit, der werdenden Wachtelmama ihr eigenes, geschütztes Brutplätzchen zu bieten, ist es, die restlichen Tiere in einen anderen Stall umzuquartieren. Manchmal gelingt es, eine auf den Eiern sitzende Henne mitsamt ihres Geleges in einen separaten Brutstall umzusetzen. Dies sollte geschehen, sobald die Henne mit der Brut beginnt. Eine spätere Umsiedlung in den Einzelstall ist riskant.
Ein Brutstall muss übrigens nicht besonders groß sein, da die Henne – sofern alles gelingt – ohnehin so gut wie ständig auf dem Gelege sitzt. Wichtig ist, dass der Stall sauber ist und geeignete Kuschelhöhlen für die Brut bietet.

Zweisam entspannt

Halten Sie ein Wachtelpaar, das seinen Stall ganz für sich hat, ist Ihr Eingreifen weniger gefragt. Oft brüten die Hennen in Anwesenheit ihrer Partner. Beobachten Sie die werdenden Eltern: Haben Sie den Eindruck, dass der Hahn eine beruhigende Wirkung auf die Henne hat, dann passt alles. Scheint der zukünftige Kükenpapa eher Anspannung ins Revier zu bringen, können Sie die beiden für die Zeit des Brütens trennen. Sobald die Kleinen geschlüpft und munter auf den Beinen sind, können Sie den Hahn wieder ins Gehege bringen (siehe Seite 85).

Auswahl der Bruteier

Damit sich gesunde Küken im Ei entwickeln können und eine möglichst hohe Schlupfrate erreicht wird, sollten Sie nur solche Eier in den Brutapparat geben, die hierfür gute Voraussetzungen erfüllen. Das heißt:

- die Eier sollten eine normale Größe und Form haben
- die Schale muss unbeschädigt und fest sein
- die Eier sollten im Naturzustand, sprich: ungewaschen, aber sauber sein
- die Schale sollte nicht allzu rau sein, also keine Kalkablagerungen aufweisen

Achten Sie darauf, dass Sie keine Haarrisse in der Schale übersehen. Verschmutzte Eier zu reinigen, ist keine gute Idee. Eischalen sind keine versiegelten Gebilde, das heißt: Schmutz könnte ins Innere gelangen.

Spitzensache: Mit dem „Kopf" nach unten bei mäßig kühlen Temperaturen werden Bruteier gelagert.

Sammelstelle

Je nachdem, wie viele Wachteln Sie halten, kann es sein, dass Sie nicht auf einmal eine ordentliche Menge an Bruteiern haben. Da Sie fünfzehn bis fünfundzwanzig Eier zeitgleich in den Brutapparat geben sollten, können Sie die Eier erst einmal sammeln.

Am besten lagern Sie sie auf der Spitze stehend bei einer Temperatur von acht bis zwölf Grad Celsius. Länger als zehn Tage sollten die gesammelten Eier aber nicht gelagert werden, da sonst die Wahrscheinlichkeit, dass sich ein Küken darin entwickelt, stark sinkt.

Die kühl gelagerten Eier sollten nicht sofort in den Brutapparat gegeben werden. Besser ist es, sie erst einmal langsam auf rund zwanzig Grad zu erwärmen, indem Sie sie für zwei, drei Stunden bei Zimmertemperatur stehenlassen.

Brutapparat

Im Brutapparat werden die Bedingungen, die bei der Naturbrut durch die auf dem Gelege sitzende Henne gegeben sind, künstlich nachgeahmt. Es gibt verschiedene Arten von Brutapparaten, von kleinen Modellen mit Deckel bis hin zu schrankartigen Maschinen. Eine Beschreibung der Bedienung der einzelnen Varianten wäre an dieser Stelle zu ausschweifend. Wichtig ist für Sie: Lesen Sie sich die Bedienungsanleitung genau durch und führen Sie einen kleinen Testlauf durch, bevor Sie die Eier hineingeben. Kurz: Freunden Sie sich mit dem Gerät und seiner Bedienungsweise an. Während des Brutvorgangs urplötzlich nicht genau zu wissen, was zu tun ist oder aus Unsicherheit Fehler zu machen, wäre eine ungünstig. Bestenfalls haben Sie jemanden zur Hand, der mit dem entsprechenden Modell bereits (gute) Erfahrungen gesammelt hat und Ihnen mit Rat und Tat zur Seite stehen kann.

Ein großer Brutapparat lohnt sich für den Züchter. Für Hobbyhalter gibt es kleinere Modelle.

Schau' mal, was da schlüpft

Das Schlüpfen ist eine wahre Meisterleistung der Winzlinge.
Bedenkt man, dass die Kleinen sich innerhalb von weniger als drei
Wochen in einem Ei entwickelt haben, ist das Faszination pur.

In der Ruhe liegt die Kraft

Das Schlüpfen der Wachtelküken dauert meist
ein bis zwei Tage. Dabei sind Ruhephasen, in
denen das Küken im Ei Energie sammelt, ganz
normal. Sie müssen sich also keine Sorgen
machen, wenn nach dem anfänglichen Picken
erst einmal Stille eintritt. Vor allem zwischen

*„Man weiß ja, dass da Küken in
den Eiern sind. Wenn die ersten
anfangen, sich zu bewegen und
man merkt, da ist Leben drin,
kommt einem das trotzdem wie
ein Wunder vor."*

dem ersten sichtbaren Loch in der Schale und
dem darauf folgenden Picken einer Rille entlang des Eikopfes legen die Küken meist eine
ausgiebige Pause ein.
Haben sich die Kleinen dann aus der Schale
befreit, sind sie sehr erschöpft. Lassen Sie sich
nicht beunruhigen, wenn die frisch geschlüpften Küken regungslos daliegen. Das kann ein
bis zwei Stunden dauern. Die Winzlinge müssen sich von der immensen Anstrengung erst
einmal erholen.

Puh, nach zig Stunden Arbeit an der Schale ist es endlich geschafft. Erst mal ausruhen.

Spätzünder und Frühschlüpfer

Nachzügler kommen immer wieder vor. Wenn ein paar Küken leicht „verspätet" schlüpfen, hat das meist den simplen Grund, dass diese Eier zuletzt gelegt wurden. Das heißt, die Entwicklung der Kleinen im Ei hat genauso lange gedauert wie die der Geschwister. Sie hat lediglich ein klein wenig später begonnen. Am besten warten Sie den kompletten achtzehnten Tag der Brut ab, bevor Sie die Eier entfernen, aus denen keine Küken geschlüpft sind. Es spricht natürlich nichts dagegen, noch einen weiteren Tag dranzuhängen. Die Wahrscheinlichkeit, dass dann noch ein Küken schlüpft, ist aber äußerst gering.

Selten kommt es vor, dass ein Küken zu früh schlüpft. Je nachdem, wie früh das Kleine dran ist, kann dies gutgehen, sehr viel Pflege in Anspruch nehmen – sofern man bereit ist, sich so intensiv um den Frühschlüpfer zu kümmern – oder bedeuten, dass das Küken nicht überlebensfähig ist. Der Grund für ein zu frühes Schlüpfen kann beispielsweise eine Beschädigung der Eischale sein.

Hat das Küken Gefieder, eine normale Größe, den Dottersack eingezogen und einen geschlossenen Nabel, müssen Sie sich keine Sorgen machen. Beobachten Sie den Winzling. Beginnt er rechtzeitig Wasser und Futter aufzunehmen und zeigt ein normales Verhalten, dann ist alles in bester Ordnung.

Manche Frühschlüpfer sind nicht gänzlich „fertig", aber weit genug entwickelt, um mit etwas Glück überleben zu können. Hierfür benötigen sie eventuell sehr viel Pflege. An dieser Stelle muss jeder Halter selbst entscheiden, ob er diese Strapazen auf sich nehmen will.

Hilfestellung – ja und nein

Vor allem, wenn die ersten Eier angepickt sind, kann es verlockend sein den Küken zu helfen. Es ist sehr wichtig, dass Sie dies nicht tun. Erstens kann ein zu frühes Öffnen der Schale dazu führen, dass es im Innern des Eis zu trocken wird. Mögliche Folgen hiervon sind, dass der Dottersack austrocknet und somit nicht eingezogen werden kann, Schädigungen zum Beispiel der Augen oder sogar so große Beeinträchtigungen, dass das Küken noch im Ei stirbt. Zweitens findet durch das Schlüpfen eine natürliche Selektion statt. Küken, die es nicht eigenständig aus der Schale schaffen, sind meist auch nicht überlebensfähig.

Anders sieht es mit dem Eingreifen in Bezug auf die Umgebung der Eier aus. Liegt beispielsweise ein Ei so ungünstig, dass das Küken im Innern keine Chance hat, das „Deckelchen" aufzudrücken, dürfen Sie behutsam Platz schaffen.

Das Entfernen von Hindernissen um das Ei eines schlüpfenden Kükens ist nicht nur erlaubt, sondern sogar angeraten. Dies betrifft vor allem die Schalenreste, die bereits geschlüpfte Küken hinterlassen haben. Sonst kann es passieren, dass sich diese Reste über die Eier schieben, in denen noch Küken sind. Eine Doppelschale zu durchbrechen ist für die Kleinen fast unmöglich. Bitte hantieren Sie aber nicht ständig mit den Schalenresten. Verwenden Sie einen Brutapparat, ist es außerdem wichtig, dass dieser nicht zu häufig geöffnet wird.

Schalenreste, die andere Küken beim
Schlüpfen behindern, dürfen Sie entfernen.

Schlüpft nicht – und jetzt?

Leider zeigt sich immer wieder, dass Küken, die es nicht aus eigener Kraft aus dem Ei schaffen, schwach oder krank sind. Nur wenige dieser Tiere überleben, wenn man sie aus der Schale befreit. Von Letzterem wird Ihnen jeder seriöse Züchter abraten. Verbieten kann das allerdings niemand.

 Bitte befreien Sie die Küken nicht aus der Schale.

Die Entscheidung darüber, Hilfe zu leisten oder nicht, liegt beim Halter. Wer bereit ist, sich schwächerer Küken anzunehmen und den Versuch des Aufpäppelns zu wagen, kann unter Umständen Erfolg haben. Allzu große Hoffnungen sollten Sie sich hierbei aber nicht machen. Die schwachen Küken sollten zudem von den fitten Geschwistern getrennt aufgezogen werden, da sie anfälliger sind. So können beispielsweise Infektionserreger über diese Küken in die Gruppe geraten.

Familienglück im Wachtelstall

Ob Sie ein Wachtelpärchen haben, das sich gemeinsam um seinen Nachwuchs kümmert, oder eine „alleinerziehende" Wachtelmama: Wachteln mit Küken zu beobachten, das ist ein richtig schönes und unterhaltsames Schauspiel.

Im Schutz von Mama und Papa entdeckt und lernt der Nachwuchs ganz fix.

Zeig' mir die Welt

Die Bindung zwischen Mutter und Nachwuchs beginnt noch, während die Küken im Ei sind. Sie nehmen bereits zu diesem Zeitpunkt die Geräusche der Mutter wahr. Sobald die fluffigen Kleinen auf der Welt und auf den Beinen sind, geht's auch schon los: Die Glucke verlässt das Gelege und bringt ihrem Nachwuchs alles Wichtige bei.

Die Henne führt die Rasselbande zu Wasser und Futter, zeigt den Kleinen sogar besonders leckere Körnchen und wärmt ihre Schützlinge zwischendurch immer wieder unter ihren Fittichen.

Gehen die Kleinen selbst auf Achse, ist die Mutter stets in der Nähe und überwacht das Treiben und die Umgebung ihrer Küken. Bei Gefahr stößt sie einen Warnlaut aus. Der Nachwuchs rennt schnurstracks zu ihr und lässt sich beschützen.

Hallo, Papa

Haben Sie ein Wachtelpärchen, dessen Hahn Sie während der Brutzeit von der Wachtelmama getrennt gehalten haben, ist das Wiedersehen ziemlich spannend zu beobachten. Setzen Sie den Kükenvater in einer ruhigen Situation und bei Tageslicht zu seiner Liebsten und den Kleinen.

Es ist völlig normal, wenn die Annäherung der Elterntiere erst einmal eher abwehrend aussieht. Die Henne verteidigt ihr Revier und ihren Nachwuchs. Typischerweise verharren beide Elterntiere erst einmal kampfbereit voreinander, bis die Henne dem Hahn signalisiert, dass sie wieder paarungsbereit ist. Sie legt ihr aufgeplustertes Gefieder an, nähert sich dem Hahn und duckt sich flach auf den Boden. Nach der Paarung kehrt normalerweise recht schnell Entspannung ein und der Kükenpapa beginnt, sich um seinen Nachwuchs zu kümmern.

Henne, Hahn und die Kleinen

Wer sich für die natürliche Kükenaufzucht entscheidet und beide Elternteile mit den Kleinen gemeinsam hält, wird seine wahre Freude beim Beobachten der Minifamilie haben.

Hahn und Henne kümmern sich gleichermaßen um ihre Küken. Sie führen sie, beschützen sie und bieten Orientierungshilfe beim Kennenlernen ihrer Umgebung.

Ein kleiner Unterschied besteht darin, dass die Henne die Kleinen von Beginn an unter ihre Fittiche nimmt. Der Hahn stellt sich am Anfang meist breitbeinig hin, sodass ein Küken unter ihm Platz findet. Dieses Wärmen und Behüten des Nachwuchses sieht ziemlich ulkig aus: wie ein Wachtelhahn mit vier Beinen statt zwei. Normalerweise beginnt aber auch der Kükenvater bald damit, seinen Sprösslingen Kuschelkomfort unter seinen Fittichen zu bieten. Dann passt die ganze Rasselbande unter Papas Flügel.

Flauschige Winzlinge großziehen

Küken an sich sind schon eine wahre Augenfreude. Wachtelküken, die zudem noch um einiges kleiner sind als der Nachwuchs ihrer Verwandten, bestechen erst recht durch ihre putzige Erscheinung – und sie sind ratzfatz groß.

»

„Das mit den Küken war natürlich total faszinierend. Die sind super putzig."

Flitzebogen: So winzig und doch so perfekt und fit sind frisch geschlüpfte, gesunde Wachtelküken. Links ein Hühner- und ein Zwerghuhnküken.

Grundbau der Kinderstube

Für eine Kükengruppe von rund zehn bis zwanzig Winzlingen genügt für den Anfang eine Kinderstube mit einer Grundfläche von etwa 80 auf 40 Zentimetern und einer Höhe von rund 35 Zentimetern. Da der kleine Raum

Wärmequelle, Näpfe, saubere Einstreu und eine rutschfeste Unterlage: Die Küken können einziehen.

beheizt werden sollte, sind groß angelegte Kükenboxen unnütze Energiefresser. Zudem müssen die Winzlinge ihre Umgebung erst einmal kennenlernen und sich in ihr geborgen fühlen.

Da in der Kinderstube keine Elterntiere anwesend sind, die sich permanent um sie kümmern, bietet ein überschaubares Miniareal mehr Sicherheit, auch weil die Küken sich nicht gegenseitig aus den Augen verlieren können.

Eine Kükenbox muss hell, aber auf keinen Fall grell beleuchtet, warm und frei von Zugluft sein und einen Boden haben, auf dem die Minis nicht ausrutschen. Es gibt verschiedene Möglichkeiten, den Kleinen diesen Komfort zu bieten. Sie können eine Holzbox bauen, eine Kiste oder ein Schränkchen umfunktionieren sowie ein Terrarium oder Aquarium hierfür verwenden. Um eine konstante, den Bedürfnissen der Küken entsprechende Wärme zu bieten, sollten Sie einen Thermostaten einbauen.

Wohlig warm und hübsch

In der ersten Lebenswoche brauchen die Küken im Wärmebereich der Box eine Temperatur von 32 bis 35 Grad Celsius. In der zweiten Woche kann diese Temperatur auf 29 bis 32 Grad Celsius gesenkt werden. Von der dritten bis zur sechsten Woche ist eine Wärme von 25 bis 29 Grad Celsius angemessen. Es bietet sich an, den Wärmespender nicht zentral, sondern in einer Hälfte der Box anzubringen. Die Küken können so wählen, ob sie sich direkt an der Wärmequelle aufhalten oder sich in einem etwas kühleren Bereich bewegen möchten.

In Holzboxen ist der Wärmeverlust geringer als bei einer Box mit Glaswänden. Eine solche können Sie isolieren, indem Sie an drei Außenseiten ein Dämmmaterial anbringen. Damit das Ganze hübsch aussieht und Sie nicht auf Styropor oder Ähnliches schauen müssen, können Sie Bilder, wie sie im Zoohandel erhältlich sind, von außen an den Scheiben befestigen. Erdige, natürliche Farben kommen den Wachteln dabei entgegen, grelle Farben empfinden sie als unangenehm.

Frischluft ohne Zug

Zugluft ist für die winzigen Küken besonders gefährlich. Damit die Kleinen Frischluft, aber keine Schädigungen abbekommen, sollten Sie im oberen Bereich der Aufzuchtbox Öffnungen anbringen. Sie können ein Luftloch in den Deckel schneiden und dieses mit feinmaschigem Draht versehen. Oder Sie schneiden einen Lüftungsschlitz in den oberen Bereich einer der Längsseiten.

In jedem Fall müssen Sie darauf achten, dass die Küken – auch beim Sprung – nicht ausbüxen oder sich verfangen können. Mit Öffnungen oder Maschenweiten von 6 Millimetern oder weniger sind Sie dabei auf der sicheren Seite.

Auch in den Futterschalen sollten sich Wachtelbabys rutschfest und sicher fortbewegen können.

Der helle Wahnsinn

Helligkeit ist für die kleinen Wachteln besonders wichtig. Küken müssen viel häufiger als ausgewachsene Tiere Nahrung aufnehmen, um fit zu bleiben und ordentlich zuzulegen. Im Dunkeln finden die Kleinen die Nahrungsquellen nicht so leicht. Es bietet sich deshalb an, durch eine Beleuchtung die Helligkeit des Tages künstlich zu simulieren oder zu verlängern.

Auf keinen Fall sollten Sie die Kleinen aber grellem Licht aussetzen, da sie sonst geblendet werden und dadurch ebenfalls Futter und Wasser nicht mehr finden können. Während der ersten beiden Lebenswochen der Flauschebällchen können Sie die Beleuchtung dauerhaft anlassen. Danach sollten Sie die wachsenden Wachtelbabys an einen Tag-Nacht-Rhythmus gewöhnen. Die Dunkelphase sollte dabei anfänglich nicht mehr als sechs Stunden betragen. Wer wegen seiner Wachtelküken nicht auf Schlaf verzichten möchte: Steht die Box so, dass Tageslicht hineinfällt, lassen Sie das Licht bis abends um elf oder zwölf an. Dann erledigt die aufgehende Sonne für Sie die rechtzeitige Wiederbeleuchtung, ohne dass Sie aus dem Bett müssen.

Dehnen Sie die Dunkelphase über ein, zwei Wochen langsam aus, bis sie dem natürlichen Tagesrhythmus entspricht. Wer seine Küken im Winter großzieht, sollte weiterhin Bonuslicht bieten. Die helle Phase sollte zumindest zwölf, besser vierzehn Stunden andauern.

Innenleben der Kükenbox

Kuschlig, saugstark und Halt unter den Füßchen gebend ist eine Einstreu aus Hobelspänen, mit der Sie ruhig großzügig sein dürfen.
Im Fress- und Trinkbereich bietet es sich
jedoch an, eine Alternative zu wählen, damit
nicht ständig Einstreu in den Behältnissen
landet. Sie können an diesen Stallstellen den
Boden mit Stoff beziehen. Wer's ganz bequem
mag: Es gibt Leinwände, die auf relativ stabile
Pappe gezogen sind. Diese sind nicht besonders teuer und eignen sich perfekt als Unterlage für Tränke und Näpfe.
Es ist wichtig, dass die Kleinen stets frisches
Trinkwasser zur Verfügung haben. Durch die
Wärme in der Box wird allzu lange stehendes
Wasser leider zu einem Bakterienparadies.
Wechseln Sie das Wasser in der Tränke deshalb mehrmals täglich, vor allem morgens,
und säubern Sie die Tränke gründlich.
Da Wachtelküken wirklich winzig sind,
besteht selbst bei kleinen Tränken die Gefahr,
dass Küken darin ertrinken. Sie können dem
vorbeugen, indem Sie saubere Kieselsteine ins
Wasser legen, sodass keine „Wasserlöcher"
bleiben, in die die Winzlinge geraten könnten.
Näpfe und Schalen sollten möglichst nicht
glatt sein. Die Minis werden sicherlich darin
herumlaufen und sollten nicht ausrutschen
können. Raue Naturtongefäße können hier
dienlich sein.
Ungehobelt, aber ideal: Ein raues Brett, in das
Sie ein paar kleine Rillen fräsen, in die Sie
das Futter geben. Auf der Fläche können sich
die Küken sicher bewegen und ganz bequem
Nahrung aufnehmen. Das Brett sollte dennoch
eine spreißelfreie, ebene Sägefläche aufweisen
– versteht sich von selbst.

Wer schon den kleinen Piepmätzen Wellness
bieten möchte, kann eine Sandkuhle integrie-
ren. Manche Küken allerdings fressen Sand,
wodurch sie dann zu wenig Nahrung aufnehmen. Behalten Sie die Kleinen also gut im
Auge. Falls Sie unsicher sind, warten Sie mit
der Installation dieses Wellnessbereichs.
Um zu vermeiden, dass Einstreu in den planen
Bereich der Futter- und Wasserstelle gerät,
nehmen Sie einfach eine Unterteilung der
Kükenbox vor: Ein keilförmiges Brett, dessen
Länge der Breite der Box entspricht, sorgt
dafür, dass nicht zu viel Einstreu aus dem
Kuschelbereich getragen wird. Die Keilseite
zeigt dabei zum Futterbereich. An der stärker
abfallenden Seite füllen Sie die Einstreu bis
knapp unter die Oberkante auf. Die Kleinen
können dann ungehindert über die flache
Rampe von einem Bereich in den anderen
laufen.

Hier beugt eine Kette dem Risiko vor, dass Küken ins Wasser fallen und ertrinken.

Eigenständig und menschennah

Wachtelküken, die ohne Elterntiere aufwachsen, müssen Vieles eigenständig in Erfahrung bringen und lernen. Ohne Orientierungshilfe in Form einer ausgewachsenen Wachtel, die sie führt und von der sie abgucken können, zeigen sie ein paar Unterschiede in Verhalten und Entwicklung.

Das bedeutet nicht, dass sich diese Küken schlechter entwickeln – sie entwickeln sich lediglich ein klein wenig abweichend von Küken aus Naturbrut, schlicht weil die Umstände es erfordern.

Zu Beginn legen die Kleinen nicht ganz so schnell zu, weil sie erst einmal herausfinden müssen, was sich fressen lässt und was besonders bekömmlich ist.

Während Küken mit Glucke bei Gefahr sofort zum Elterntier flitzen, rennt die Rasselbande ohne Mama oder Papa einfach wild durcheinander.

Ein Vorteil dieser Aufzuchtform ist, dass die Küken sich sehr viel menschenbezogener entwickeln, wenn Sie ihnen mehr Aufmerksamkeit schenken, als die reine Versorgung verlangt. Und wer könnte in Anbetracht der süßen Flauschebälle schon darauf verzichten, sie anzufassen und zu liebkosen?

Eine einfache Methode, den Winzlingen Geborgenheit zu schenken, ist es, die Hand in „Spinnenform" wie eine Kuppel auf den Boden der Kükenbox zu stellen oder auch mit beiden Händen eine Höhle zu formen. Die Kleinen werden sich gerne unter die wärmende Handfläche kuscheln und die Köpfchen zwischen ihren Fingern herausstrecken.

» *„Diese winzig kleinen Flauschebälle: Die muss man einfach anfassen und in die Hand nehmen. Geht gar nicht anders, so goldig wie die sind."*

Die Küken suchen die wärmenden und schützenden Hände und kuscheln sich ein.

Ohne Eltern müssen die Kleinen erst einmal selbst herausfinden ...

Küken, die mit den Berührungen durch den Mensch von Beginn an schöne Erfahrungen machen, werden Sie auch später stets als positiv einstufen. Das Einfangen, Halten und Umsetzen wird dadurch ein Kinderspiel bleiben, auch wenn die Wachteln schon groß sind.

Groß und stark

Das sollen sie natürlich werden, die kleinen Flauschebälle. Damit sie ordentlich zulegen können, benötigen Küken ein Futter mit einem höheren Proteingehalt als ausgewachsene Tiere. 26 Prozent Rohproteingehalt sind ein guter Wert.

Es kann sein, dass das Futter etwas zu grob für die winzigen Küken ist. Wenn Sie es mahlen, machen Sie's dem Nachwuchs leichter.

In den ersten Lebenstagen ist eine vorsichtige Fütterung besonders wichtig. Sie können den Küken Aufzuchtfutter und Körner, beispielsweise Hirse, anbieten. Backmohn als Beigabe wirkt sich positiv auf die Darmgesundheit aus und verhindert Durchfall, sollte aber schon nach drei Tagen reduziert werden.

Grünfutter sollten die Kleinen zu Beginn nur sehr mäßig bekommen, weil es schnell zu Durchfall führt. Auch mit Mehlwürmern und anderen Insekten sollten Sie sparsam anfangen. Manche Halter geben den frisch geschlüpften Küken in den ersten zwei, drei Lebenstagen hartgekochtes Ei zu fressen. Sie legen dann sehr schnell zu und vertragen dieses Powerfutter normalerweise gut. Wenn Sie Ei geben, sollten Sie den Anteil am Futter jedoch spätestens nach drei Tagen relativ zügig senken. Küken, die zu schnell wachsen, können unter Umständen Organschäden davontragen.

Nach rund 15 Tagen sind die Minis so groß, dass Sie das Futter nicht mehr zerkleinern müssen. Ab der vierten Lebenswoche können Sie den Proteinanteil im Futter peu-à-peu senken, sodass die Wachteln mit rund sechs Wochen auf dem Niveau von circa 18 Prozent Rohprotein sind.

... was schmeckt. Sie wachsen deshalb etwas langsamer, aber trotzdem noch rasend schnell.

Während der ersten drei Lebenswochen auf den Menschen geprägte Küken werden besonders zutraulich.

Jungs und Mädels erkennen

Bei vielen Wachtelarten lassen sich die Geschlechter an der Gefiederzeichnung unterscheiden. Etwa ab der fünften bis sechsten Woche ist klar erkennbar, welche Tiere männlich und welche weiblich sind.

Lässt sich das Geschlecht nicht über das Gefieder bestimmen, so kann es über den sogenannten Kloakentest erkannt werden. Hähne haben über der Kloake eine kleine Ausstülpung. Bei leichtem Druck tritt dort weißer Schaum aus. Anfänger sollten sich diese Form der Geschlechtsbestimmung ein paar Mal von einem Profi zeigen lassen, bevor sie sie selbst versuchen.

Manche Hähne sind Spätzünder, bei denen der Kloakentest „nicht anschlägt". Sicherheitshalber wiederholen Sie ihn regelmäßig im Abstand von einigen Tagen, denn Hähne, bei denen erst zwei, drei Wochen nach ihren Geschwistern der weiße Schaum zu sehen ist, sind keine Seltenheit.

Der Mehlwurmtest ist eine weitere Methode, die Hähne von den Hennen zu unterscheiden. Sind die Tiere geschlechtsreif und Sie geben ihnen Mehlwürmer, stürzen sich die Weibchen darauf. Männchen nehmen häufig einen Wurm

„Wenn wir jetzt Fotos von unseren Küken ansehen, können wir fast nicht glauben, dass das erst sechs Wochen her sein soll. Die wachsen so schnell. Unglaublich."

in den Schnabel und versuchen damit, die Weibchen anzulocken. Zeigt eine Wachtel dieses Verhalten, ist es ein Hahn. Der Haken an dieser Methode: Zeigt ein Hahn dieses typische Verhalten nicht, wird er als solcher übersehen.

Ein weiteres markantes Zeichen für einem Hahn ist, dass er die Hennen oder andere Hähne besteigt. Selten legen dieses Verhalten allerdings auch dominante Weibchen an den Tag. Hähne sind generell etwas rauflustiger. Wenn sie die Geschlechtsreife erreichen, kann es im Stall ganz schön heiß hergehen. Eine Trennung von männlichen und weiblichen Tieren ist dann angeraten.

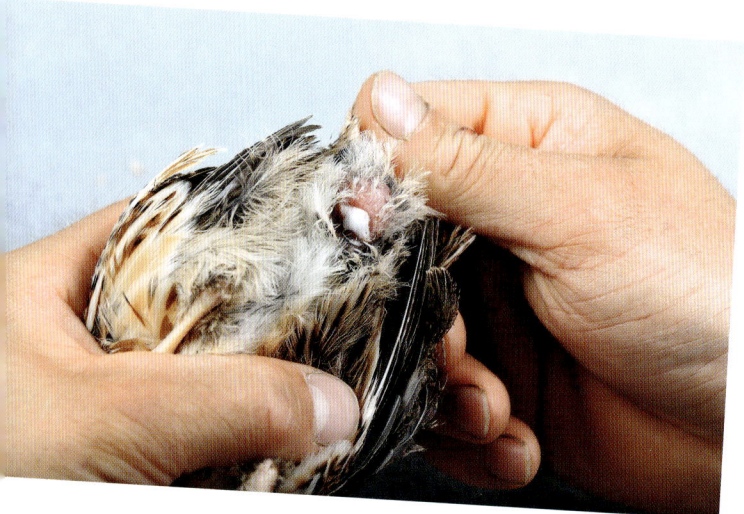

Der Kloakentest gibt Aufschluss über das Geschlecht der Tiere. Dies hier ist ein Hahn.

Keine zwei Monate Unterschied: In sechs Wochen wird das Küken genauso groß sein.

Register

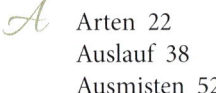

Service

Wachteln im Web

www.wachtelhof-dittrich.de
Persönlich, authentisch und solide: Auf dieser Seite liefert Ihnen eine langjährige Wachtelhalterin und Liebhaberin der kleinen Flattermänner ausführliche Informationen zu allen Themen rund um die Winzlinge.
Die Rubriken sind sehr übersichtlich strukturiert, die Texte verständlich und sympathisch geschrieben, inklusive kleiner Erfahrungsberichte und anschaulicher Bilder zu den einzelnen Themen. Hier finden Sie auch detaillierte Informationen zu speziellen Themen.

www.wachteln.net
Auf der relativ großzügig bebilderten Seite finden Sie in kurze, verständliche Texte verpackte Informationen zur Wachtelhaltung. Top: Die Seite enthält ein sehr langes Züchterverzeichnis, nach Postleitzahlen sortiert.

www.wachtel-forum.de
Auf dieser Seite können Sie mit anderen Wachtelhaltern kommunizieren, Fragen zu spezifischen Punkten stellen und Erfahrungen austauschen.

wachtel-shop.com
Ob Eierkarton, Tränke oder Stall: Hier finden Sie Produkte rund um die Wachtel, inklusive Informationen zu Haltung und Pflege.

Pflänzchen für die Voliere

Hartgesottenes
Sehr feste und stabile Gräser zählen für Wachteln nicht gerade zu den Leckerbissen und werden, wenn überhaupt, sehr, sehr zaghaft beknabbert. Deshalb eignen sie sich hervorragend für das Wachtelgärtchen. Chinaschilf und Bambus werden von vielen Haltern sehr gerne dafür verwendet.

Duftiges
Kräuter riechen lecker und sind sogar gesund für Wachteln. Da sie meist gerne gefressen werden, eignen sich für die Volierenbepflanzung vor allem größere Büschchen, die üppig wachsen, beispielsweise Pfefferminze, Zitronenmelisse, Salbei und Petersilie. Was die Wachteln an Snacks abzupfen, wächst schnell nach.

Stämmiges
Sämtliche einheimischen Obstbaumarten können bedenkenlos in die Voliere gesetzt werden, müssen dann allerdings durch Schnitt kleingehalten werden, um nicht – im wahrsten Sinne des Wortes – durch die Decke zu schießen. Weide, Holunder, Kastanie und Buche eignen sich ebenfalls.

Zum Weiterlesen

Bernhardt, F., Kühne A.: Wachteln. Verlag Eugen Ulmer, Stuttgart 2011.
Rundum ein Buch, das ausführlich die Wachtelhaltung als Ziergeflügel beschreibt, die unterschiedlichen Wachtelarten vorstellt und über die Zucht verschiedener Farbenschläge informiert.

Kiwitt, R.: Wachteln. Zucht und Haltung. Verlag Eugen Ulmer, Stuttgart 2006.
Wer an der Wachtelhaltung in etwas größerem Umfang interessiert ist, findet in diesem Buch jede Menge Wissen zur Fütterung, Brut und Zucht von Legewachteln.

Bildquellen

Friedel Berhardt: Seite 26, 76
Silke Klewitz-Seemann: Umschlagfoto, vordere Klappe außen, hintere Klappe außen und innen sowie alle anderen Fotos im Innenteil des Buches.
Die Zeichnungen auf den vorderen Klappeninnenseiten fertigte die Autorin.
Die Zeichnungen im Innenteil fertigte Susanne Dinkel, Reutlingen.

Haftungsausschluss

Die in diesem Buch enthaltenen Empfehlungen und Angaben wurden mit großer Sorgfalt zusammengestellt. Der Tierhalter sollte bedenken, dass er in eigener Verantwortung handelt. Autor und Verlag übernehmen keinerlei Haftung für Schäden und Unfälle.

Impressum

Bibliografische Information der Deutschen Nationalbibliothek
Die Deutsche Nationalbibliothek verzeichnet diese Publikation in der Deutschen Nationalbibliografie; detaillierte bibliografische Daten sind im Internet über http://dnb.d-nb.de abrufbar.

© 2015 Eugen Ulmer KG
Wollgrasweg 41, 70599 Stuttgart (Hohenheim)
E-Mail: info@ulmer.de
Internet: www.ulmer.de
Lektorat: Dr. Eva-Maria Götz
Umschlagentwurf und Grundlayout:
Freiraum K, Karen Neumeister, Stuttgart
Innenlayout und Satz:
Atelier Reichert, Stuttgart
Reproduktion: www.timeray.de, Herrenberg
Druck und Bindung: Westermann Druck, Zwickau
Printed in Germany

ISBN 978-3-8001-8283-1